上海出版资金项目
Shanghai Publishing Funds

上海市新闻出版专项资金资助项目
新时代生态文明法律制度体系研究丛书
丛书总主编　陈晓景　李国敏

U0293721

低碳发展下环境治理体系理论创新及法律制度建构研究

杨健燕等　著

立信会计出版社
LIXIN ACCOUNTING PUBLISHING HOUSE

图书在版编目(CIP)数据

低碳发展下环境治理体系理论创新及法律制度建构
研究 / 杨健燕等著. —上海：立信会计出版社，2019.12
（新时代生态文明法律制度体系研究丛书）
ISBN 978-7-5429-6341-3

Ⅰ.①低… Ⅱ.①杨… Ⅲ.①环境综合整治-研究-
中国 ②环境保护法-研究-中国 Ⅳ.①X321.2
②D922.680.4

中国版本图书馆 CIP 数据核字(2019)第 276428 号

策划编辑　窦瀚修
责任编辑　王艳丽

低碳发展下环境治理体系理论创新及法律制度建构研究
Ditan Fazhan xia Huanjing Zhili Tixi Lilun Chuangxin ji Falü Zhidu Jiangou Yanjiu

出版发行	立信会计出版社		
地　址	上海市中山西路 2230 号	邮政编码	200235
电　话	(021)64411389	传　真	(021)64411325
网　址	www.lixinaph.com	电子邮箱	lixinaph2019@126.com
网上书店	http://lixin.jd.com	http://lxkjcbs.tmall.com	
经　销	各地新华书店		

印　刷	江苏凤凰数码印务有限公司		
开　本	710 毫米×1000 毫米	1/16	
印　张	12		
字　数	179 千字		
版　次	2019 年 12 月第 1 版		
印　次	2019 年 12 月第 1 次		
书　号	ISBN 978-7-5429-6341-3/X		
定　价	58.00 元		

如有印订差错，请与本社联系调换

丛　书　序

　　目前,我国已进入中国特色社会主义新时代,人民对"美好生活"的需求越来越强烈,人民对"美丽环境"的需求也越来越突出。如果说经济上富有、能享受良好的教育、身体健康、有时间去游历名山大川等都是人们对"美好生活"的具体需求,那么在排除社会分配领域可能存在障碍的情况下,社会经济发展水平应该与这些需求的满足水平成正相关关系。也就是说,社会经济发展水平越高,人们的收入水平也越高;社会经济发展水平越高,人们可享受的教育资源和教育条件也越好;社会经济发展水平越高,人们游览国内外名山大川、名胜古迹的机会也越多;社会经济发展水平越高,人们越注重以合理的生活节奏休养生息,人们的身体将更加健康。但实际上,社会经济发展水平与"美丽环境"和"美好生活"需求之间似乎并不存在正相关关系。经济学家所说的"负外部性"、政治学家所说的绝不走"先污染后治理的老路"以及法学家所说的"普遍环境责任"等都告诉我们,人们追求的"美丽环境"和"美好生活"曾经且还在继续被经济活动释放的"负外部性"影响,人们不得不对"营建发展"造成的非自然因素成本"买单"。虽然按"创新发展理念"实现的发展会在很大程度上消解经济活动的"负外部性"后果,但这种后果不会被永久消除。"美好生活"的实现需要我们付出新的努力,而"美丽环境"的实现需要我们付出更大的努力。

由陈晓景和李国敏担任总主编的这套"新时代生态文明法律制度体系研究丛书"的创作和出版,是环境学界、热心环保人士和环保组织等为实现"美丽环境"和"美好生活"做出努力的一部分。这套丛书的创作和出版既是学术盛事,也是为人民谋取美好生活的"义举"。

古人云:"君子务本,本立而道生。"这套"新时代生态文明法律制度体系研究丛书"立足我国生态文明法治建设的实际需求,致力于生态文明法律制度根本问题的研究,在某些方面实现了生态文明法律制度体系理论研究的创新发展。据我了解,迄今为止,国内尚未出版过以"新时代生态文明法律制度"为主题的系列学术著作。"新时代生态文明法律制度体系研究丛书"填补了我国该领域学术著作出版上的空白,它将对环保实务界,尤其是环境法学界,带来巨大的知识冲击和学术冲击,它或将掀起新时代生态文明法律制度研究的热潮,带动更多的学者,尤其是环境法学者,为建设"美丽中国"、实现人民对"美好生活"的向往而贡献智慧和力量。

"新时代生态文明法律制度体系研究丛书"各分册的选题主要围绕环境法学研究的两个重点领域展开,一是沿着已经建立或奠基的环境保护制度做加强制度建设的努力,即研究怎样使这些制度建设水平更高、质量更高,如《生态补偿法律制度研究——以南水北调中线工程沿线为例》《低碳发展下环境治理体系理论创新及法律制度建构研究》《企业环保信用评价法律制度研究》《新时代环境财政法律制度研究》《绿色金融法律制度研究》;二是对生态文明建设、环境法制建设做应然选择的尝试,即研究在新时代生态文明建设的任务面前,我们应当怎样建设和完善环境法,如《生态保护优先原则及其法律制度因应》《新时代环境保护法律制度检视与重构》《中国生态系统管理范式与法律制度建构研究》。这两个研究领域都是我国环境保护实务界和环境法学理论界高度关注的领域。因此,这套丛书的出版有望对环境保护实务研究和环境法学理论研究带来双重推动。

徐祥民

2018 年于青岛海滨寓所

前　　言

　　基于环境资源的稀缺性及公共物品属性,有效的环境治理一直是管理学、法学、经济学界关注的重点。目前,国内外环境治理研究虽然创设模式众多,但大多强调治理主体从单一到多元的合作共治,欠缺宏观视阈的全局性框架安排和全面系统的制度保障。中共十八大报告提出,要推进低碳发展,形成节约资源和保护环境的空间格局、产业结构、生产方式、生活方式,从源头上扭转生态环境恶化趋势。麦肯锡7S模型(简称7S模型)从宏观的战略、理念到微观的人员、技术,全面构列了企业成功治理的7种要素,并强调了各要素之间的整体联系和统筹安排。该模型契合低碳发展作为系统工程的内在要求,为我国低碳发展下的环境治理研究提供了从全局视角统筹考虑的、具有可操作性的实施模式。本书基于我国低碳发展的迫切需要,以专注于企业微观整体系统管理的7S模型为分析模式,打破我国目前环境治理现行的"分散管理、对症治理"模式,全面系统地构建了我国环境治理的制度框架。这对促进我国社会经济低碳转型、推动生态文明建设和提升环境治理体系的现代化程度具有重大的理论和实践意义。

　　本书从低碳发展的时代内涵入手,以实现低碳发展目标为主线,在深入分析全球环境治理模式变迁、困境及发展趋势的基础上,针对我国现行环境治理制度的缺陷,以7S模型为范式,从7个方面具体构建了低碳发展下我国环境治理的硬件要素和软件要素。全书共六章,第一章是低碳发展内涵解析,第二章是全球环境治理模式的嬗变、困境及其发展趋势,第三章是低碳发展下我国环境治理的现实障碍,第四章是环境治理模式创新——7S模型的优势与问题分析,第五章是我国环境治理的硬件要素建构,第六章是我国环境治理的软件要素建构。其中,第一章在分析低碳发展的理论推动力和社会推动力的基础上,提出了界定低碳发展内涵应当秉承的三大基本原则,进而以概念内涵为依托,提炼了低碳发展的本质;第二章深入分析了过去50年间世界范围内环境治理模式的嬗变轨迹,以及每一种管理模式的典型特征和发展困境,并提出多中心共治型模式具有优势互补、快速回应和相互合作等制度优势;第三章系统分析了我国现行环境治理模式因受经济发展既有格局和政府主导治理影响而具有的单向性缺陷及其表现,提出了在低碳发展时代下,我国环境治理方式应实现从简单化的属地管理到区域间协商治理和共同治理、从部门单一线性管理到多组织联动综合治理、从末端治理到源头治理和系统治理的方向性转变;第四章分析了7S模型在环境治理中具有的制度优势,以及它在环境治理应用中存在的公司治理与社会或国家治理的有限性、模式化分析对制度创新灵活性的制约等问题;第五章从治理战略、治理结构和治理制度三个维度对我国环境治理硬件要素的建构进行了深入论证和解析;第六章从治理理念、治理人员、治理风格和治理技术四个维度对我国环境治理软件要素的建构进行了深入论证和解析。

本书由河南财经政法大学杨健燕教授拟定整体框架,各章分工如下:第一章由陈晓景、王璇执笔;第二章由殷杰兰执笔;第三章由樊晓磊执笔,第四章由杨健燕、王莉执笔;第五章由李培才执笔;第六章由王彩霞、张英豪执笔。

作者在撰写过程中参考了大量已出版和已发表的国内外相关研究成果,在此向本书所用成果的作者致以诚挚的谢意。此外,立信会计出版社对本书的出版给予了大力的支持和帮助,作者在此表示衷心的感谢。

由于作者水平和时间有限,书中的疏漏和错误在所难免,敬请各位专家及广大读者不吝赐教,提出宝贵的意见和建议。

作　者

2019 年 9 月于郑州

目　　录

第一章 低碳发展内涵解析

有关低碳发展的最早表述出现于 20 世纪 90 年代后期的文献中。[①]作为第一次工业革命的先驱和资源并不丰富的岛国,英国充分意识到了能源安全和气候变化的威胁。2003 年 2 月 24 日,时任英国首相的布莱尔发表了题为《我们未来的能源——创建低碳经济》的能源白皮书(DTI2003),率先提出了低碳经济的概念。自此,"低碳经济""低碳发展""低碳社会"等成为高频词汇。2009 年 6 月,美国众议院通过了《美国清洁能源与安全法案》,该法案不仅制定了美国温室气体减排的时间计划,同时也引入了温室气体排放权配额与交易机制。[②] 在欧盟,除了成员国各自的低碳经济法律体系,欧盟还制定了所有成员国必须共同遵守的发展规划和政策文件,如《欧盟能源政策绿皮书》《2050 年迈向具有竞争力的低碳经济路线图》等。

我国高度重视全球气候变暖问题,作为世界上最大的发展中国家,我国已经确立了低碳发展的路线并出台了相关政策,为应对全球气候变化做出了诸多努力。2007 年 6 月,《中国应对气候变化国家方案》正式发布。2007 年 10 月,《中华人民共和国节约能源法》修订通过。该法首次并多次提到了"低碳"一词,对低碳管理、低碳技术、低碳意识、公共机构节能低碳等诸多问题做出了法律规定。2009 年 8 月,《全国人民代表大会常务委员会关于积极应对气候变化的决议(草案)》提出了一系列应对气候变化的具体措施,如发展绿色经济和低碳经济等。2009 年年

---

① Kinzig A P, Kammen D M. National trajectories of carbon emissions: analysis of proposals to foster the transition to low-carbon economies[J]. Global Environmental Change, 1998, 8(3): 183-208.

② 杨健燕.低碳发展的政府调控路径选择[J].中州学刊,2010(4): 58-60.

底,在哥本哈根气候变化会议上,我国确立了控制温室气体排放的行动目标,明确提出到 2020 年单位国内生产总值二氧化碳排放比 2005 年下降 40%～45%。2010 年,新修正的《中华人民共和国可再生能源法》施行并规定了国家对可再生能源开发利用的一系列扶持保障措施。2015 年 1 月 1 日正式实施的《中华人民共和国环境保护法》(简称《环境保护法》)对低碳发展的措施及低碳意识的培育进行了规定,如"国家采取有利于节约和循环利用资源、保护和改善环境、促进人与自然和谐的经济、技术政策和措施""公民应当增强环境保护意识,采取低碳、节俭的生活方式,自觉履行环境保护义务"等。与此同时,中共十八大报告指出:"坚持节约资源和保护环境的基本国策,坚持节约优先、保护优先、自然恢复为主的方针,着力推进绿色发展、循环发展、低碳发展……"

无论是发达国家,还是发展中国家,在面对全球气候变化的急迫境况下,各个国家表现在节能减排、低碳发展方面的意愿、努力始终是由内而外、高度一致并且不断强化的,也正是在此背景下,低碳发展的理念才得以快速传播并被绝大多数国家广泛接受。

一、低碳发展的核心推动力

(一)理论推动力

1. 伦理学:生态整体主义理论

环境伦理的历史演变显示,每一次环境运动都是对旧伦理价值观的更新,作为其成果的表现,人类伦理共同体的范围不断扩展。这种伦理变革为环境与资源保护立法提供了深厚的伦理学基础,并反映在法律理念中(如可持续发展、低碳发展),继而引发了环境与资源保护法律的制度变革和调整。

人类中心主义狭隘的伦理观——主体与客体二分理论是当今世界生态环境危机肆意蔓生的理论根源。目前尚没有关于人类中心主义的完整理论诠释,不同学者对此有不同的观点学说。其中,亚里士多德的核心观点认为,大自然创造动物等非人生命体的目的在于使其为人类利用,否则其他生命个体没有存在的价值和必要。笛卡尔则提出,人类要借助实践使自己成为自然的统治者。康德的观点与前两者有所不同,他主张人类是自然界的最高立法者,人类对动物不负有任何直接的义务,动物没有自我意识,仅仅是人类实现发展目的的工具而已,人才是自然界得以存在的最终目的。①

通常情况下,人类中心主义有以下四种含义。第一种是本体论意义上的人类中心主义:本体论认为,在人类与自然的关系上,人类处于这个关系中的中心地位,其他宇宙万物都围绕这个中心展开,人类与其他宇宙万物是中心与非中心、主宰与被主宰的关系。② 第二种是认识论意义上的人类中心主义:认识论主张,人类认识自然等非人生命体的范围是有限的和特有的,该认识受人类固有内在尺度的限制,并受人类与自然特有关系的制约。第三种是生物学意义上的人类中心主义:从本源上来讲,人属于生物,他必须要设法让自己生存和发展下去;所有的生物逻辑都是"我就是我,我就是中心",正如老鼠以老鼠为中心、狮子以狮子为中心一样,当然人也会以人为中心。第四种是价值论意义上的人类中心主义:该理论认为,人是唯一的道德代理人,只有人才有资格获得道德关怀,其他非人生命体的存在只有工具价值,最终只是为了满足人类的需要,如大自然的价值就是为了满足人类的需要而非动物等非人生命体的需要。

20世纪以后,臭氧层空洞、气候变暖等全球性环境问题开始出现。一些伦理学家认为,以人为中心的人类中心主义是环境问题产生的深层次思想根源。同时,生态伦理学发生了前所未有的历史性转向,在西方出现了所谓的"人类中心主义生态伦理论",其中的典型代表人物是 W. H. 墨迪、J. 帕斯莫尔和 H. J. 麦克洛斯基等。他们反对人类统治主义、人类征服主义及人类沙文主义。他们认为,造成生态环境污染及破坏等生存灾难的根源在于人类对人与自然关系及非人生命体认识上的误区;应当尊重生态规律,这样才能保障包括当代人和后代人在内的人类"共同利益"。因此,人类中心主义生态伦理论所涵盖的人类的范围已经从狭义的当代人逐渐扩展到包括后代人、甚至其他非人自然要素在内的更为

① 何怀宏.生态伦理——一种精神资源与哲学基础[M].保定:河北大学出版社,2002:343.
② 傅华.生态伦理学探究[M].北京:华夏出版社,2002:246.

广泛意义的人类整体。① 学界一般把发展演化后的人类中心主义叫作弱势人类中心主义,也称其为人类—生态中心主义。奥尔多·利奥波德于1933 年发表的《资源保护伦理》指出,大地伦理学的任务是扩大人类共同体的边界,弱化道德共同体的界限;人类共同体应当包括土壤、水、植物和动物等环境要素,人类的角色应从征服者变为与其他生物平等的共同体中的一员。在其名著《沙乡年鉴》中,利奥波德提出了动物权利的思想,肯定了动植物及其他生物有生存下去的权利,强调关注人之外的生命形式以及生命共同体或生态系统的内在权利,认为那些与人共享地球的生命形式有权生存下去。

20 世纪 60 年代,在西方国家,后现代主义作为一种泛文化思潮开始出现。作为一种多维度的文化现象,后现代主义根植于后工业社会的危机,是人类有史以来最为复杂的思潮。正如美国学者波林·罗斯诺所指出的:"后现代主义在人文科学和社会科学中的出现,不仅标志着另一种新颖的学术范式的诞生,更为确切地说,一场崭新的、全然不同的文化运动正在对我们如何体验和解释周围世界的问题进行广泛的重新思考。"② 后现代主义重新认识人与自然的关系,希望借此建立以生态整体为中心的生态整体主义伦理观。该伦理观提倡自然权利论和内在价值论,并以环境伦理学的形式在国际范围内发展。生态整体主义伦理观把人类道德关怀和权利主体的范围从所有存在物扩展到整个生态系统。③ 生态学的基本理论表明,包括人在内的生态系统是个统一的整体,系统内部的每一个物种都占据着特定的生态位,系统的自我调节和维护功能的发挥与每一个物种的独特功能息息相关,包括人在内的所有物种只有相互依存才能促进生态系统整体的良性运行。与传统伦理观不同,生态整体主义伦理观更加关注生态共同体整体的利益,而非仅关注某些单一有机个体的利益,是建立在整体主义之上的伦理观。生态整体主义伦理观强调人与自然是统一的,对自然的理解应当包括对人自身的认识,人和自然中其他

① 李旭萍.走出对人类中心主义认识的误区——对当代生态环境问题的反思[J].山西高等学校社会科学学报,2001(12):58-60.
② 波林·罗斯诺.后现代主义和社会科学[M].张国清,译.上海:上海译文出版社,1998:2-3.
③ 陈泉生,等.环境法哲学[M].北京:中国法制出版社,2012:11.

的非人生命体是高度相关的统一整体。生态整体主义伦理观还强调人与自然的相互作用，代表了人对自然更为深刻的理解方式：不再是征服与被征服、奴役与被奴役的关系。在西方国家，有关环境法的立法目的、自然物的法律权利、环境公益诉讼等方面的理论及立法实践正在展开，法律层面的新理论及立法实践尝试是生态伦理学在法学层面的现实表达。在我国，尽管环境法学界尚未接受生态整体主义伦理观，但无论是理论研究还是立法及司法实践都开始重视非人生命体的价值，尤其是其生态价值；尽管人类利益在现行的法律理念中占据突出地位，但相关部门已开始通过立法突出对非人生命体利益的维护，如《环境保护法》关于环境公益诉讼的规定，就是维护生态系统利益的典型例证。

全球气候变化正是人类中心主义伦理观主导下的产物。受此观念的影响，人类从自然界大量攫取、使用化石能源并无所顾忌地向自然界排放大量的温室气体，最终导致现在的气温比一百多年前有所上升。这种不考虑生态系统的吸纳能力、无视生态系统的自身发展规律、盲目认为人是万能的、人可以通过自身的努力改变整个世界的观念，在当今全球变暖的境况下必须被摒弃。可以想象，如果全球变暖趋势得不到有效的遏制，与人类共同属于生态系统一部分的大量动植物将会灭绝，与人类共同构成生态圈的土地资源将会大幅度缩减，未来人们将无法享受到当代人们所享有的良好的生存环境。这些都与生态伦理学观念的嬗变密不可分。在起源于后现代主义的生态整体主义伦理观的推动下，各国政府及民众认识到，人只是生态系统整体中的一分子，现代人与生态系统中的动植物以及未来世代的人们都是平等的。因此，人类必须采取各种可能采取的措施，避免二氧化碳等温室气体的肆意排放，把温室气体的排放总量控制在生态系统可以承受的范围之内，以避免或减缓气候变化。

2. 经济学：成本收益分析理论

法律经济学的核心价值取向是效益。所有的法律活动（立法、执法、司法、诉讼）和全部法律制度（私法制度、公法制度、审判制度）都是以有效地利用自然资源、最大限度地增加社会财富为目的的。[①]

---

① 张文显.二十一世纪西方法哲学思潮研究[M].北京：法律出版社，1996：315.

经济利益最大化是高碳排放的动因。1910年,英国著名经济学家马歇尔提出了外部经济性理论。根据马歇尔的观点,经济行为对其他人和行为人本身的影响称为该行为的外部性。经济行为的影响可以分为两类:一类是有益的影响,即正外部性;另一类是有害的影响,即负外部性。就环境污染及破坏而言,它们均是典型的负外部性行为。长期以来,我国的经济发展保持着典型的"三高"状态——高污染、高排放、高能耗,消耗化石能源的排碳企业尤其如此。排碳企业将其污染行为带来的不经济性转嫁给外部环境,但在核算企业成本时并未考虑治理污染的费用,由此可见,除了经济体制及法律缺陷,追逐经济利益最大化是企业长期将部分生产成本转嫁给外部环境的主要原因。人天生都是"经济人",过去丰富的环境容量给企业实现经济利益最大化提供了可能。

低碳发展需要消除低于最优碳排放水平的所有外部效应。如前所述,排碳行为具有典型的外部不经济性。消除外部性的方法有很多,马歇尔的学生——英国另一位著名的经济学家庇古在其撰写的《福利经济学》一书中详细分析了消除外部性的各类方法。他认为,当一种行为表现为外部不经济性时,其边际私人净产值与边际社会净产值就会背离,由此而形成的"边际社会成本"使厂商获利,但却给社会带来不利影响。这种背离或差异难以通过市场的自行调节而消除,原因在于这一差额或成本与形成污染的产品生产者或消费者并没有直接的关系。成本的外部化使得污染并不影响该产品的生产者与消费者之间交易的达成。由此,庇古认为,边际私人净产值与边际社会净产值背离现象的存在,使国家运用行政手段干预排污行为的必要性和可能性得以凸显。他建议,根据企业排污对环境所造成的危害程度及损害价值对排污者征税,以弥补私人成本与社会成本之间的差距,这样企业就会将污染成本人为地添加到产品的价格中,实现外部成本的内部化。政府通过宏观调控将企业转嫁给外部环境的成本内部化,可以有效地矫正市场失灵带来的经济效率减损;通过经济手段对市场进行调节,可以实现市场资源的最优化配置。就碳排放行为而言,也同样存在着边际私人净产值与边际社会净产值的背离。这种背离依靠排碳者自身的行为是难以缓解的,必须由国家通过制度设计干预此类产生负外部性的行为。国家干预的最终目的是实现高碳排放向低碳排放的转变,并最终实现整个国家及国际社会的低碳发展路径。低碳发展是相对于高排碳行为的一种全新的发展模式,低碳发展需要通过政府的宏观调控,综合运用各种经济手段,如税收等,将外部不经济性内部化,消除低于最优碳排放水平的所有外部效应。

碳排放领域适用利益衡量机制。所谓利益衡量,是指将排碳行为带来的经济效益或价值同其他人因此而受到损害的价值进行比较,并综合考虑侵害行为的性质、侵害的严重程度、侵害对象的性质、侵害排除的可能性等,如果前者的价值大,则排碳行为合理,可存在;否则,即为不合理,应当排除危害。碳排放领域之所以适用利益衡量机制,其原因有如下两个方面。第一,排碳行为具有社会妥当性。排碳行为作为环境侵权的一种,与一般民事侵权相比,其原因行为往往具有社会妥当性、合法性、价值性和社会公益性。[①] 排碳行为是与人们利用环境、开发资源、改进技术、提高生产力以推进人类社会经济发展和社会进步相伴而生的,是在发展经济的同时给人类环境和生态造成的可控或不可控、可避免或不可避免的负面影响。因此,从某种程度上讲,排碳行为也是人类社会持续发展的必然产物,其原因行为具有社会妥当性。合法性是指很多排碳行为往往是合法的、达标的排污,是在法律允许的范围之内的。[*] 价值性是指排碳行为作为现代社会生产的副产品,起因于人类追求经济发展、效益提高、资源充分利用这一功利性目的,而这一目的所要满足的不仅是排碳行为人自身的需要,而且也是整个人类社会共同体发展的需要。社会公益性是指某些排碳行为会促使社会公共利益的实现,如火电厂的运营会给特定社区带来巨大的公益。第二,排碳行为具有一定的价值正当性和社会有用性。法律意在协调不同利益主体的权利冲突。英国经济学家科斯主张,在应对权利冲突时,法律应当按照最大可能避免更为严重损害的方式来配置权利,即这种权利配置能够使社会综合产出最大化。传统的侵害行为,如故意伤害、抢夺财物等,本身就是严重的危害行为,对社会有百害而无一利。因此,传统法律对此行为主要着眼于侵害排除。但排碳行为与

此不同,如前所述,由于碳排放行为与经济发展有着相伴相随的"孪生关系",如发电等,其本身就是创造社会财富和增加公众福利的经济活动,如果排碳行为完全按照传统的损害排除方法被严格禁止,则人类的社会经济发展必将停滞不前。碳排放行为在侵害他人合法权益的同时还具有一定的价值正当性和社会有用性,因此,我们应该选择逐步减少企业的碳排放量或降低碳排放浓度的举措而非禁止企业的经营行为。基于此,有关碳排放行为的法律规制应充分运用利益衡量原则,综合考察各类因素,如碳排放企业的经营性质、给其他人带来的环境污染的严重程度、受害对象的地域等,采取合理的环境决策。

3. 法学:公共利益理论

正义是法律的首要基本价值。法律的价值是指法律满足人类生存和需要的基本性能,如秩序、自由、平等、安全、效率和正义等。其中,正义是备受思想家和哲学家关注的法律的基本价值之一。例如,亚里士多德把正义分为分配正义和校正正义,庞德把社会基本机构的正义作为首要的正义。然而,法律的正义价值是比其他价值更高层次的价值,正如日本学者川岛武宜指出的:"各种法律价值的总体,又被抽象为所谓的'正义'。"[①]因此,从逻辑学的意义上讲,正义是上位概念,而秩序、自由、平等、安全、效率等则是下位概念。正义价值与其他价值之间不是平行的,而是有位序差别的,正义价值的位序高于其他价值,是法的首要价值。约翰·罗尔斯在《正义论》一书中也开宗明义地提出:"正义是社会制度的首要价值。"[②]

利益调整是法律的基本功能。调解、调节与调和各种错综复杂以及相互冲突的不同主体间的利益是法的基本功能,协调的结果是使大部分主体或国家中最重要利益主体的利益得到保障。利益的满足往往通过赋予主体法律权利(力)的方式得到,而赋予主体法律权利(力)的过程就是承认某些利益,包括个人的利益和社会公共的利益,并在承认的同时规定权利(力)行使的界限,即在法律规定的界限内努力保障这些业已得到承认的利益。[③] 不同类型的利益行为应适用不同类型的法律规范,符合权利

① 川岛武宜.现代化与法[M].北京:中国政法大学出版社,1994.
② 约翰·罗尔斯.正义论[M].何怀宏,译.北京:中国社会科学出版社,1988:302.
③ 孙文恺.社会学法学[M].北京:法律出版社,2005:217-219.

性规范的利益行为应当用放任性法律规范去调整；符合义务性规范的利益行为应当运用导向性法律规范去调整；符合道德性规范的利益行为应当运用奖励性法律规范去调整；违背法律或道德性规范的利益行为应当运用强制性法律规范去调整。[①]

在生态文明背景下，诸法更应凸显法律正义和对环境利益的适时调整。人类社会发展到现在，经历了原始文明、农业文明和工业文明等发展形态。原始文明的纯粹使得自然与人类没有区分，不存在人类社会驾驭与主宰自然的问题。农业文明没有现代社会的环境问题，农业文明时代的农耕也没有化肥与农药的大量使用，如果有所谓的环境问题也是卫生问题。工业文明给人类社会经济带来高速发展的同时，也给人类环境带来了灭顶之灾，从此河流不再清澈，天空不再蔚蓝。绿色的生态文明给人类的发展提出了崭新的思路，对正处在历史选择临界点的人类而言，应当重新考虑如何协调人与自然的利益冲突，如何在"天人和谐"的基础上构建新的文明。在人类社会历史上，没有任何时候像今天这样需要法律的正义。当今社会，生态环境已经到了极其脆弱的边缘。国内层面上，大规模环境污染以及局部地区的严重环境污染导致"公害病"和重大"公害事件"频现；生态环境遭到前所未有的破坏，部分地区的资源面临枯竭，严重的区域性环境问题开始出现。国际层面上，气候变暖、臭氧层被破坏、酸雨、淡水资源危机、能源短缺、森林资源锐减、土地荒漠化、物种加速灭绝等全球化的生态危机已经受到国际社会的强烈关注。生态文明背景下的法律正义与传统的法律正义不同，传统的法律正义关注人与人之间初次分配和二次分配的正义，而生态文明背景下的法律正义的内涵是把视线从人与人之间的正义转向人与自然要素之间的正义。

在一定程度上，利益来源于需要，离开了需要则无所谓利益。有关全球变暖问题的国际及国内法律规制，在生态文明的历史背景及人类面临生态危机的现状下，更应彰显其立法的利益调整功能。其所涉及的利益关系包括环境公益与经济公益、环境公益与经济私益、环境公益与环境私益、代内利益与代际利益、区域性环境利益与全球性环境利益等诸多利益

---

① 钭晓东.论环境法功能之进化［M］.北京：科学出版社，2008：46.

关系的调整。在生态文明演进的背景下,如何利用环境侵权救济法的利益调整功能平衡不同利益主体之间的关系,尤其是环境利益与其他利益之间的关系,实现对社会弱势群体环境利益的倾斜保护,将是相关法律法规发挥其功能的根本保证。因此,在生态文明背景下,环境法学更应凸显对环境正义价值的权重,以环境正义为逻辑基点重构全球变暖制度的价值体系、权利体系、制度体系和救济体系。

气候变化的相关法制在正义基本价值的推定下产生、发展并日益成熟。《联合国气候变化框架公约》关注长期以来存在于发达国家与发展中国家之间的不正义,以及国民与非人生命体之间的不正义,规定了不同国家间"共同但有区别"的减排原则,要求所有签署该公约的国家必须在公约规定的时间内根据承诺完成减排义务。其目的就是在矫正国家与国家间不平等的同时,也矫正国民与其他非人生命体之间的不公平。此外,各个国家的国内配套立法也体现了上述对公正法律价值的定位和重塑。未来,气候变化的相关国际及国内立法将在公平基本法律价值的推动下,更好地实现国家与国家之间、国民与国民之间以及国民与其他非人生命体之间的平等,以便更好、更有效地解决气候变化的问题。

(二) 社会推动力

1. 全球气候变化的现实推动

早在 1896 年,诺贝尔化学奖获得者瑞典物理化学家阿累尼乌斯就已发出"化石燃料燃烧将会增加大气中二氧化碳的浓度,从而导致全球变化"的警告。20 世纪 50 年代后期,科学界开始关注并研究全球气候变化与温室气体的关系,到 20 世纪 90 年代初,各国政府、科学界和工业界不得不痛苦地承认:人类向大气中排放温室气体是全球气候变化的主要原因。1995 年,联合国政府间气候变化专门委员会发布的全球气候评估报告显示,全球气候变暖趋势不是全由自然原因造成的,而是有一种可以识别的人为影响。其后越来越多的研究表明,全球性气候变化是气候周期性波动和人类活动引起的温室效应共同作用的结果。2007 年 5 月,联合国政府间气候变化专门委员会发布的第四次全球气候评估报告显示,由人类活动引起的全球气候变化已是一个不争的事实。全球气候变化将影响人类的生存和发展,对经济社会的可持续发展也将带来严重的挑战。

科学研究表明,当温室气体含量超过大气质量的万分之五时,全球气候将会变暖,并引发冰川融化、海平面上升、病毒增加、物种减少、灾害气候频繁等极端情况。这将会深度触及农业和粮食安全、能源安全、生态安全、水资源安全和公共卫生安全。因此,气候变化不仅是单一气候领域的问题,而且会引发一系列连锁的环境问题;它也不是一个国家能够应对和解决的问题,而是需要国际社会的共同努力。气候变化的上述特征决定了没有一个国家可以独善其身,没有一个国家可以避开全球气候变化的影响,只有各国共同参与并承担义务,才有可能阻遏气候变暖。降低温室气体排放量、走低碳发展之路是高碳发展之后的必然选择,是全球共同呵护地球环境的一致目标。

2. 能源类型发展的更迭演进

不同形式的能源有着不同的碳含量,按照碳含量和碳排放的高低,能源可以分为三类,即高碳能源(如化石能源)、低碳能源(如生物能源)和无碳能源。化石能源是指由古代动植物的遗体埋在地下形成的不可再生能源,它在自然环境中的存量有限。据估算,目前世界上已探明的石油、天然气等能源储量还可供人类开采利用 40~80 年,煤炭能源还可被开采利用100~200 年。低碳能源和无碳能源通常被称为可再生能源。尽管这两类能源受不同地域的水力、阳光、风力等自然条件限制,但只要地球不毁灭,随着科技的发展,人类总能获取利用这些能源。智慧的人类绝不会抱残守缺,将眼光死死地盯住行将枯竭、存量有限的化石能源而无所作为,势必将开发利用目标转向自然界取之不尽、用之不竭的可再生能源。可喜的是,20 世纪中后期以来,核能作为人类智慧展现的新能源形式,越来越成为人类社会和经济发展的重要能源,同时,水能、风能、生物能等多种形式的能源正在越来越广泛地被应用于生产和消费之中。一些更为新型的能源(如页岩气)的开发利用,正在引起世界各国的关注,如美国已经成功地通过利用页岩气达到了减排二氧化碳的目标。[①] 因此,从能源利益理性逻辑和能源演替的历史角度来看,高碳能源必将被低碳能源或无碳能源替代,低碳发展是人类经济社会发展的必然方向。

---

① 齐晔.低碳经济蓝皮书:中国低碳经济发展报告[M].北京:科学文献出版社,2014:49.

3. 新型国家竞争的板块驱动

低碳经济的全球争夺战已经悄然打响,哥本哈根世界气候大会的召开使世界各国都在深入反思——如何对经济制度和法律政策进行适应性调整,以应对气候变暖对各领域带来的挑战。目前,低碳经济雏形已初见端倪,但低碳经济的世界格局尚未形成,每个国家都在努力紧抓机会,力求谋得高位优势发展,提高其国际核心竞争力。在以低碳技术和低碳产品为核心的新一轮国家竞争力的角逐中,谁领先一步,谁就将引领世界经济发展的潮流,并成为未来国际市场的大赢家。同时,低碳发展蕴含巨大的潜在经济利益。以碳交易为例,碳交易是低碳经济框架下一种新型的贸易形式,即将碳排放权作为商品在国际市场上进行流通和交换。目前,碳交易尚未形成全球市场,其市场规则还在制定、完善中。根据世界银行的数据,碳交易市场成交额的增长速度惊人,2008 年全球成交总额为 1 263.45 亿美元,2011 年全球成交总额为 1 760 亿美元,2013 年全球成交总额为 594.8 亿美元(该年数值下降是受欧盟碳交易体系低迷影响)。

4. 生态环境危机的必然选择

生态环境危机是人类社会发展的阶段性产物。追寻生态环境问题产生和发展的历史轨迹,原始的农业社会几乎没有现代意义上的环境问题;工业社会是一把"双刃剑",它给人类社会带来经济提升、物质财富增加的同时,也带来了严重的环境问题,而且环境问题的边界已经从最初的点状污染发展到后来的片状污染、全国性环境污染,直到现在的全球性环境污染,并且随着更多的发展中国家陆续进入工业发展期,可以预见最近二三十年将是环境污染持续升温的时间段。全球性的环境危机正在深度警示着各个国家的各个社会阶层,如何走可持续发展之路、走出环境危机的阴霾,是各个国家面对的共性问题。包括我国在内的很多国家,面对严重的生态环境危机,适时提出了低碳发展的新策略,低碳发展是通向实现生态文明的必然通路,也是人类社会在生态危机中的必然选择。

二、低碳发展的内涵界定

随着 2009 年哥本哈根世界气候大会的召开,以低能耗、低污染、低排放为基础的经济社会运行模式——低碳发展开始呈现在世界人民面前,发展低碳经济成为世界各国的共识。无论是国外还是国内，无论是国家政府还是普通大众，都在为低碳时代如何进行低碳发展出谋划策并积极探索。可以预见，低碳发展必将是未来人类经济社会的发展方向和目标。

概念是理论思维和表达的基本单位，一切研究都离不开概念，一切研究都始于对概念的界定。因此，清晰、完整地界定和解析低碳发展的内涵是本书编写的基础和主旨。[①]

（一）低碳发展内涵界定秉承的原则

1. 立足全球气候变化及生态危机的现实背景

低碳发展及相关概念的提出与人类社会的发展阶段有关，起因于气候变暖这一全球性环境问题日益受到国际社会的广泛关注。气候变化起始于人类对碳氢化合物的发现和使用。在工业社会的能源结构中，化石能源始终占据主导地位。化石能源是由生物有机质在沉积岩中经过漫长的时间转化而成的碳氢化合物，而碳氢化合物通过充分燃烧才能产生巨大的能量，同时，这个过程会产生大量的二氧化碳。长期以来，人们对化石能源使用过程中产生的二氧化碳并不在意，但事实上，以化石能源为基础的工业社会已悄然地把人类经济带入了高碳经济体系，因为化石能源的使用是以高二氧化碳排放为代价的。在化石能源体系的支撑下，火电、石化、钢铁、建材、有色金属等工业不断发展壮大，并由此衍生出汽车、船舶、航空、机械、电子、化工、建筑等工业，这些高能耗的工业都是高碳工业，即化石能源密集型工业；甚至连传统的低碳农业也演变成高碳农业，因为支撑现代农业发展的化肥和农药都是以化石能源为基础的。人们发现，一方面，化石能源的开发和利用改变了人类经济发展的方式和水平，对人类社会物质财富的积累和人民生活水平的提高具有积极意义；另一方面，化石能源的使用规模和速度与二氧化碳排放量的增长存在线性关系，并正在影响着地球自然生态系统的内在平衡。同时，化石能源的稀缺性和不可再生性也对传统的工业文明提出新的挑战。[②] 正是因为工业社

---

① 王莉.低碳发展背景下我国化学品监管制度的立法应对[J].福州大学学报,2011(3)：63.
② 王莉.低碳发展背景下我国化学品监管制度的立法应对[J].福州大学学报,2011(3)：64.

会大量的碳排放,人类社会出现了如前所述的生态问题、全球变暖问题以及能源尤其是化石能源的耗费及匮乏问题等。基于此,遏制全球气候变化、减少二氧化碳排放量,已成为 21 世纪世界各国的共识。

2. 谋求环境资源经济价值和生态价值的适度共同提升

环境资源具有经济价值和生态价值的双重属性,环境保护的目的是提升环境资源的生态价值以便跟进其经济价值。[①]然而,目前的现实状况是人们对生态价值的重视程度大大落后于经济价值,其原因有如下两点。一是经济学理论的诱导。从经济学关于物品分类的角度来看,环境资源的经济价值显现出"私人品"效应,企业或消费者可以通过市场等价有偿地获得其全部的经济价值;环境资源的生态价值显现出"公共品"效应,企业或消费者无须通过市场就可无偿获得其全部的生态价值。因此,在市场经济活动中,我们对环境资源的经济价值具有"精打细算"和"适度消费"的市场理性,但对于环境资源的生态价值却具有"坐享其成"和"过度消费"的自利理性。二是现有立法环境资源权利配置如此。从我国法律法规的具体条文规定可以看出,我国现有的环境资源权利配置是建立在对资源经济价值最大化利用的基础上的,是将环境资源作为一种"私人品"而进行的财产权利配置,资源生态价值的权利配置处于真空状态。[①]这种权利配置必然引发人们对环境资源经济价值的最大化追求,而非对资源生态价值的最大化追求。这将导致我们的经济发展往往以破坏环境为代价,并呈现出不可持续性。事实上,人类是需要持续发展的,需要寻求一种经济效益和环境效益共同增进的发展模式,即低碳经济的发展模式。这一发展模式不仅要求经济发展以一种对环境无害的方式进行,更要求在此基础上谋求经济利益和环境利益的适度共同提升。[②]

3. 符合我国社会经济生活的实践需求

面对严重的生态环境危机,中共十八大报告提出了建设生态文明的发展策略。生态文明是人类社会发展的必然阶段,是人类社会发展的归属,它强调经济社会环境的协调可持续发展,低碳发展的界定需要与生态

① 王蓉.资源循环与共享的立法研究[M].北京:法律出版社,2006:28.
② 王莉.低碳发展背景下我国化学品监管制度的立法应对[J].福州大学学报,2011(3):65.

文明的发展要求相符合。与此同时，中共十八届五中全会力求破解发展难题、增强发展动力，适时提出了"创新、协调、绿色、开放、共享"五大发展理念，着力推动建立绿色低碳循环发展的产业体系。过去三十多年，我国经济以劳动力充足、资源丰富为背景，单纯追求国内生产总值（gross domestic product，GDP）增长，漠视环境资源的破坏和浪费，依靠廉价劳动力，以政策调整为手段推行粗放式增长模式。随着经济的发展和时代的变迁，传统的经济增长模式已经不能适应我国社会经济发展的需要，我国社会经济发展进入新常态模式。在经济新常态背景下，经济增长速度由高速转向低速，发展方式从规模型粗放增长转向质量型集约增长，经济结构从增量扩能为主转向调整存量、做优增量并存，经济发展动力从传统增长点转向新的增长点。鉴于此，在经济新常态模式下，低碳发展的内涵定位不能再仅仅追求碳减排、能源效率的提高和能源结构的调整，而必须谋求环境资源经济价值和生态价值的共同提升，必须跟进可持续发展基本价值理念，以满足经济新常态背景下的社会经济发展需求。因此，在经济新常态背景下，我们要摒弃传统的单一发展思路和手段，通过科技创新、产业转型、新能源开发、低碳文化培育等多种手段，多学科、多领域、多视角地促进经济社会的低碳发展；不仅要兼顾能源、环境、经济的协调发展，也要重视低碳社会和低碳文化建设，并以实现经济、社会、环境的可持续发展为最终目标。

我国提出经济新常态下的五大法治理念和世界环境与发展委员会于1987年在《我们共同的未来》中阐述的可持续发展理念异曲同工。可持续发展是一个内涵广泛的概念，涉及经济社会环境保护的各个方面和全过程，是人类社会从生态环境保护和资源能源长久利用角度提出的人类社会发展战略和发展模式。可见，可持续发展的基本价值理念体现在两方面：一方面，可持续发展是既能满足当代需要又能满足后代需要的发展模式，是一种长久、稳定的发展，它从纵向历史发展过程中对经济社会的发展提出要求；另一方面，可持续发展要求环境保护和经济社会发展相结合，是一种既满足经济社会需要又满足环境保护需要的发展模式，是一种多头并行的发展，它从横向关系上对环境保护和经济社会发展提出了要求。实质上，可持续发展就是对环境无害或少害的发展，是环境保护与经济社会的协调发展,是保护人与自然之间和谐、平衡的稳定发展。[①] 与此相适应,低碳发展的价值追求之所在也正是实现经济、社会、环境等社会发展要素在横向和纵向上的持续发展。中国社会科学院潘家华研究员指出,低碳经济的重点在低碳,目的在发展,即要寻求全球水平、长时间尺度的可持续发展。[②] 法国前总理拉法兰指出,没有发展就谈不上和谐,没有低碳发展就谈不上可持续发展。因此,低碳发展的内涵界定应当以可持续发展为指导,适应我国提出的经济新常态下的五大发展理念,兼顾社会经济发展与环境保护的协调共赢。

(二) 低碳发展内涵的纵向解读

作为一个崭新的、涉及广泛产业和领域的前沿概念或理念,低碳发展尚无被广泛认可的、一致的定义。目前,低碳发展一般是指以低能耗、低排放、低污染为基础的一种经济模式,其实质是提高能源的利用效率和创建清洁的能源结构,核心是技术创新、制度创新和发展观的改变。此外,国外一些学者认为,低碳发展是一种后工业化社会出现的新的经济社会模式,其核心是较低的温室气体排放或较低的化石能源消耗,它是能够在满足能源、环境和气候变化挑战的前提下实现可持续发展的唯一途径。[③] 事实上,以上概念都部分地把握了低碳发展的核心特征,即低碳排放,也提及了低碳发展的实现途径和目标等概念要素。但是,本书以为,低碳发展作为指导当今世界经济、社会发展的全新理念,其内涵的界定固然需要建立在低碳原始固有的含义基础上,但用发展的眼光从绿色生态的角度全方位、准确地厘定其内涵更为重要。

1. 原始固有层面上的低碳发展含义解析

我们若从原始固有层面上对低碳发展的含义进行解析,须立足于低碳发展的产生原因及其背景,并从应然的角度予以界定。

1) 低碳发展的前提是减少高碳化石能源的消耗和使用

由于各类能源含碳量不同,以含碳量和二氧化碳排放量的高低为标

---

① 蔡守秋.环境资源法学教程[M].武汉:武汉大学出版社,2000:386.

② 王莉.低碳发展背景下我国化学品监管制度的立法应对[J].福州大学学报,2011(3):61-65.

③ 张坤民,潘家华,崔大鹏.低碳经济论[M].北京:中国环境科学出版社,2008:2.

准,可以把能源分为三种类型。第一种是化石能源,即二氧化碳排放量高的高碳能源,比如石油、天然气和煤炭等。在这些能源中,煤炭的含碳量最高,石油次之,天然气的含碳量最低。第二种是生物能源,即低碳能源,如植物秸秆等。第三种是无碳能源,包括水能、核能、风能、太阳能、地热能等,这些能源本身不含碳。包括我国在内的很多国家,高碳能源仍然是其目前主要的消费能源,如我国对高碳能源——煤炭的使用一直占比较重,大概处于68%～76%的水平。[①] 低碳发展的前提是减少高碳化石能源的消耗和使用,积极开发和使用低碳能源和无碳能源。

2) 低碳发展的核心是低碳排放

目前,纵览国际气候变化的有关学术研究,对低碳排放含义的界定大致有如下三种:第一,从国际公平正义的角度要求国家整体减少二氧化碳的排放总量,即低碳排放应当理解为一个国家碳排放总量数值的绝对减少;第二,从资源投入与产出成本角度将一个经济体消耗单位碳资源与其带来的经济产出增量相比较,如果二氧化碳等温室气体排放量的增量小于经济产出的增量,则这种模式为低碳排放[②];第三,以单位国内生产总值和二氧化碳的排放比值为参考,如果该比值在某一相对长的时期内下降,则这种模式为低碳排放。在哥本哈根世界气候大会上,这些对低碳排放含义的不同理解体现在各个国家不同的减排承诺中。

原始固有层面上的低碳发展,其前提是减少高碳化石能源的消耗和使用,积极开发和使用低碳能源和无碳能源。其中,低碳发展中的“碳”是指造成当今全球气候问题的二氧化碳类气体,即《京都议定书》规定限排的六种温室气体,具体包括二氧化碳、甲烷、氧化亚氮、氢氟碳化物、全氟化碳和六氟化硫;“低”是指要改变当前高度依赖化石燃料的能源生产消费体系所导致的高碳排放强度,并转为相应低的碳生产率,实现温室气体排放的低增长或负增长,最终使碳排放强度降低到自然资源和环境容量能够有效消解的范围之内。其衡量指标包括两个:一是单位国内生产总值和二氧化碳的排放比值下降;二是一国碳排放总量的绝对减少。前一

① 彭近新.人类从应对气候变化走向低碳经济[J].环境科学与技术,2009(6):3.
② 张坤民,潘家华,崔大鹏.低碳发展论[M].北京:中国环境科学出版社,2009:203.

指标保证国内经济社会发展低碳化,后一指标保证全球碳排放总量下降。这一做法与我国目前污染物排放的浓度控制和总量控制制度相一致。

2. 经济新常态背景下的低碳发展含义解析

经济新常态是调结构、稳增长的经济新形态,是当前及以后我国经济发展的形态表征。在经济新常态背景下,低碳发展内涵解析应立足于谋求环境资源经济价值和生态价值适度共同提升及坚持可持续发展的基本价值理念,注重调整产业结构,辩证地处理经济发展和环境保护之间的关系问题,从必然的角度予以界定。

1) 低碳发展是一种生态保护型发展模式

生态保护型发展模式相对于经济保护型发展模式而言,是指运用生态学规律来指导人类活动的新型经济发展模式。所谓经济保护型发展模式,是指单纯追求 GDP 的线性增长,无视资源环境生态保护的高消耗、高排放的经济发展模式。经济保护型发展模式一路走来,让原本山清水秀的地球满目疮痍、绿色不再。生态保护型发展模式力求运用生态学的发展规律指导社会经济活动,不仅要求社会经济发展要以对生态环境无害或少害的方式进行,同时要求社会经济发展和生态保护同步跟进、共同提升,从而实现 GDP 的绿色增长,实现经济、社会、环境的可持续发展。

2) 低碳发展的依赖路径是走产业转型之路

低碳发展作为一个崭新的概念,尽管其实现路径仍处在摸索阶段,但根据现有成果,低碳发展的良性运行不是一个学科或一个领域就能够解决的问题,需要综合运用多学科、多领域的知识或技能才能完成,如制度创新、科技革新、新能源开发等。有学者提出,低碳发展的具体操作方法为:在技术层面发展低碳技术,通过发达国家和我国共同建立的清洁发展机制(clean development mechanism,CDM)项目引进先进的碳减排技术;在市场要素层面实施碳排放贸易,即温室气体排放权作为商品而形成的碳交易。其具体的实现路径如下:一是通过强制设定碳排放上限赋予碳排放权商品特性,使之成为国际市场上的需求对象;二是加强高端技术研发,尤其是二氧化碳实际减排量的核定技术,但该项技术具有很高的科技含量和高度的复杂性,需要多个国家共同合作研究;三是在国内产业结构与消费层面发展低碳产业与低碳消费方式,实现产业结构的优化与国内消费方式的转变;四是在制度保障层面上制定低碳产品法,引导、规范低碳产品的开发与认证,并通过立法规范外国对我国CDM项目的投建等。① 通过以上描述,我们可以清楚地发现,低碳发展的实现路径涉及多学科、多领域,必须综合运用制度设计、科技创新、产业转型、新能源开发等多种手段。

　　3）低碳发展的核心是低排放、低消耗、低环境生态危害

　　毋庸置疑,当今世界出现了严重的区域性及全球性环境问题,气候变暖、生态恶化、淡水资源危机等日益威胁着人类及其他物种的生存及发展安全。环境问题的实质是生态平衡的失调,一是人类在生产和生活中过度向环境排放污染物,二是人类过度开采、使用、消耗各种自然资源和能源。因此,解决环境问题的根本途径就是恢复被破坏的生态平衡,一是要适度向环境排放污染物,二是要适度开采、使用、消耗各种自然资源和能源。也就是说,在理想状态下,人们通过技术操作、制度设计及经济结构调整等措施,最终使全球及区域范围内的生态平衡得以恢复,环境问题随之得以解决。这样的理想状态也就是低碳发展的最终前进方向,所以低碳发展的核心也就是减少资源、能源消耗,降低各种污染物的排放,最大限度地降低环境生态危害。

　　因此,经济新常态背景下的低碳发展是一种强调运用生态学规律来指导人类活动的新型经济发展方式。与单纯追求 GDP 的线性增长而无视资源环境保护的高消耗、高排放的经济保护型发展模式相比,经济新常态背景下的低碳发展充分尊重生态学的基本规律,并以其指导社会经济活动;同时,其摒弃了单一发展的思路和手段,通过科技创新、产业转型、新能源开发等多种手段,多学科、多领域、多视角地实现 GDP 的绿色增长,从而达到经济、社会、环境的可持续发展。

　　（三）低碳发展内涵的横向解读

　　概念界定的方法之一是梳理拟界定概念与相关概念的关系,目的在于不发生概念的混淆,准确地使用不同的概念。目前,与低碳发展或低

────────

　　① 孙成成,林道海.我国低碳经济的发展路径与制度保障研究[J].行政与法,2010(6):35-39.

碳经济相近的概念主要有绿色发展、生态经济、循环发展、节能减排等，这些概念既有共同之处，又有各自明确的理论和运行方式。下面我们通过分析这些概念之间的共同点和不同点，更进一步地挖掘低碳发展的内涵。

1. 相似概念的内涵厘定

就概念固有的含义而言，低碳发展或低碳经济是指减少高碳能源消耗，降低二氧化碳类温室气体排放，实现经济、社会、环境的可持续发展。绿色发展是指人类在经济发展的同时要兼顾环境保护，既要求经济活动不损害环境或有利于保护环境，又要求在环境保护活动中获取经济效益。[①] 生态经济是一种按照生态学和经济学原理组织起来的、基于生态系统承载能力的、具有高效经济过程及和谐生态功能的网络型、进化型经济发展模式。循环发展是以资源的高效利用为核心，遵循"资源—产品—再生资源"的反馈式过程，以减量化、再利用、资源化为特征的一种发展模式。[②] 节能减排是指节约物质资源和能量资源，减少废弃物和环境有害物（包括"三废"和噪声等）排放。[③]

2. 相似概念间的联系与区分

我们通过对与低碳发展相似概念的内涵解释，不难发现这些概念存在非常紧密的联系。首先，这些概念在本质上是一致的，都是提升环境保护对经济发展的指导作用，将环境保护延伸到经济活动中的生产和消费领域，都要求人们从传统的高碳经济走向可持续发展的低碳经济。其次，这些概念的共同目的都是节约资源和能源、改善和保护环境，其终极目的都是实现经济、社会、环境的可持续发展。

上述概念虽然存在非常紧密的联系，但也有明显的区别。首先，上述概念的层次位阶不同。绿色发展的内涵宽泛、包容面很广，可以简单地将其理解为无所不包的"外壳"。绿色发展包含了生态经济、低碳发展、循环发展。节能减排是生态经济、低碳发展、循环发展在具体实施的过程中都需要用到的手段或措施之一。因此，对于这些概念的层次位阶而言，绿色

① 夏光.怎样理解绿色经济概念？［N］.中国环境报，2010-06-05.
② 王蓉.资源循环与共享的立法研究［M］.北京：法律出版社，2006：4.
③ 莫神星.节能减排机制法律政策研究［M］.北京：中国时代经济出版社，2008：3.

发展居于第一位次,接下来是低碳发展、循环发展、生态经济,而节能减排是具体可用的实现路径和方式手段。其次,上述概念的内涵侧重点不同。绿色发展要求从环境保护的视角进行所有的经济活动;低碳发展通过降低高碳化石能源消耗和温室气体排放达到社会经济发展的目的;生态经济通过不同企业或工艺流程间横向耦合及资源共享为废物找到下游的"分解者",建立经济生态系统的"食物链"和"食物网";循环发展强调"减量、再用、循环",侧重于废物的减量化、再利用和资源化;节能减排重在节约能源、减少污染物的排放。

值得一提的是,概念间联系与区别(尤其是区别)的研究意义仅停留在书面或理论意义上,实际上无论是何种形式的概念选择都不能影响社会经济未来朝着低污染物排放、更加环保科学的方向发展,只不过低碳发展与其他概念相比更容易找到发展的支撑点。因为低碳经济的发展必然会使用节能减排的措施,必然需要兼容循环经济、生态经济,并最终达到绿色发展这一理想的经济发展形态。"发展"一词是指事物从低级向高级的进化过程,基于上述分析,原始固有层面上的低碳发展是指国家或国际社会逐步减少高碳能源的消耗,降低二氧化碳类温室气体排放的前进过程;而经济新常态背景下的低碳发展实质上是一种生态保护型发展模式,是指通过制度创新、科技革新、产业转型、新能源开发等多种手段,减少资源和能源消耗,降低各种污染物的排放,最大限度地降低环境生态危害,实现经济、社会、环境的可持续发展。原始层面上的低碳发展内涵解读是为了应对当下全球变暖的紧迫态势而进行的应然界定,而实质上低碳发展的内涵必将是经济新常态背景下的"低碳发展"。此外,尽管低碳发展是气候变暖这一全球性生态环境危机引起国际社会强烈关注的结果,但是低碳发展并不仅适用于解决气候变暖这一单一环境问题,经济新常态背景下的低碳发展目标是所有污染物低排放的可持续发展。从本质上来讲,低碳发展与绿色发展、循环发展、生态经济、节能减排并无区分,都是生态文明视野下人类经济社会发展的必然样态。[①]

① 王莉.低碳发展背景下我国化学品监管制度的立法应对[J].福州大学学报,2011(3):64.

三、低碳发展的实质剖析

(一) 低碳发展不限于碳排放量的下降和经济方式的转型

低碳发展的基本要求是实现二氧化碳等温室气体排放量的下降,即碳排放量下降。从表面上看,碳排放量的高低反映了人类利用能源的种类及水平,但从本质上看,碳排放量的高低更是人类经济社会发展进程的真实反映。纵观人类社会从原始文明到绿色文明的发展轨迹,在工业社会,化石能源是这一阶段的主导能源,以化石能源为基础的工业发展把人类社会引入高碳经济的发展轨迹,化石能源体系衍生出的火电、钢铁、汽车、化工、建筑等均是高碳产业,甚至连农业也不能幸免——作为现代农业标志的化肥和农药均是以化石能源为基础的。正是因为工业生产中大量的碳排放,使人类社会出现了生态问题、全球变暖问题以及能源(尤其是化石能源)的耗费及匮乏问题等。基于此,减缓甚至遏制全球变暖的进程以及最大可能地减少二氧化碳等温室气体的排放量,已成为世界各国面临的共性问题,并且这一问题亟待解决。从 1997 年的《京都议定书》到 2007 年的"巴厘岛路线图",再到"德班平台"、绿色气候基金以及联合国气候变化大会会议成果,各国都在为碳减排责任的履行和目标的实现寻求途径和方法。但单纯的碳排放量下降并不能真正地实现未来社会的低碳发展,按照现有的国际制度设计,在某一特定的时间段内,二氧化碳等温室气体的排放量下降到一定阈值后,全球变暖的态势就不会再继续恶化。那么,这样是否就算真正实现低碳发展了呢?答案是否定的,因为尽管低碳发展这一理念的提出最初是由于全球变暖这一环境问题,并且现有的气候变化国际公约重点是规制包含二氧化碳在内的温室气体排放。如前所述,从字面意义的原始层面来讲,低碳发展的确是指二氧化碳排放量的降低,这是解决全球变暖的最为直接和可行的方法。但是人类社会未来的发展是在环境的承载能力范围内实现低能耗、低污染、低排放的协调发展,这里的发展已经突破了低碳的原始含义,不仅要求碳排放量的下降,而且要求其他污染物质排放量的下降,其下降的底线就是环境整体的承载能力。因此,低碳排放并不能简单地理解为碳排放量的下降。

同时,低碳发展的提出始于经济领域并且与经济发展方式密不可分。如前所述,高碳排放的主阵地在工业领域,如火电、石化、钢铁、建材、有色金属等,也正是工业领域大量使用化石能源才导致了今天的温室气体集聚和全球变暖。因此,在全球变暖大背景下,人们首先接受的是经济领域的低碳,具体的做法是转变经济发展方式,即从消耗化石能源转为使用更加清洁的能源,从高温室气体排放转为低温室气体排放。经济发展方式的转变是低碳发展需要考虑也是必须考虑的问题,但单一经济发展方式的转变不能必然达到经济社会低碳发展的目标,因为社会发展进步的基本架构是五维向度的,即经济、政治、文化、社会和环境。尽管经济基础决定上层建筑,经济在整个社会发展中居于核心和关键的位置,但是经济层面的改变需要相应的政治、文化等层面的改变,经济领域的调整必然引起其他思维向度的转变。如果只有经济领域实现了低碳排放,而其他的政治领域、文化领域并未随之转变,仍适用高碳排放时代的大政方针,尚停留在高碳时代的文化思维和意识,那么社会就不会全然进入低碳发展时代。因此,低碳发展不是单纯的经济发展方式的转变,而是经济社会发展模式的全新变革。

（二）低碳发展是经济社会发展的全新变革

经济社会发展模式包含的经济、政治、文化、社会和环境五维向度必须全面革新,才能适应低碳发展的需求。具体的实现途径包括:经济领域,要创新经济发展方式,从高耗能、高排放的传统发展方式转向低耗能、低排放的低碳发展方式;政治领域,必须制定低碳发展的规划和相关的方针政策,建立低碳发展的长效机制;文化领域,要积极倡导生态文明的核心价值观,普遍形成资源节约、低碳消费的社会意识形态;社会发展领域,要创新低碳发展的社会管理体系,开发清洁低碳能源,改善民生,保障人民免受或少受全球变暖的不利影响;环境领域,要尊重生态发展规律,切实减少温室气体排放,实现美丽中国梦。

低碳发展不仅需要经济社会发展模式的全面改变,而且需要创新改变。低碳发展所需要的改变不仅是全方位的变革,而且是深度的创新变革。具体的实现途径包括:经济领域,建立健康有序的碳排放交易市场,形成碳交易的价格机制和市场监督机制;政治领域,实现低碳发展相关法律制度的科学立法、严格执法、公正司法和全民守法,争取生态文明法治的早日实现;文化领域,强化低碳消费、生态文明价值观的宣传教育,形成良好的低碳文化意识形态;社会领域,创新政府的行政管理范式,契合低碳发展的内生需求;环境领域,完善与国家公约配套的国内法规(如节能减排的法律法规),保障低碳发展有法可依。

低碳发展需要经济社会发展模式的全面、创新改变,环境治理领域也不例外。应低碳发展的目标要求,我国环境治理模式及制度建设也必须从国家全局视角对社会经济发展进行整体安排和统筹考虑,唯此才能有效解决环境恶化难题。低碳发展是一个复杂的系统工程,不仅需要多元主体的共同治理,更需要架构全局性的、从宏观到微观的、全面系统的制度体系以及类型化的、能切实操作的实施模式。

第二章 全球环境治理模式的嬗变、困境及其发展趋势

1960 年以来,随着全球环境的持续恶化,环境治理逐渐引起世界各国的高度重视。此后的二十多年,世界范围内的环境治理相继经历了政府管制型、市场调控型、企业自愿型等环境治理模式。

1989 年,世界银行第一次提出了"良好治理"(good governance)的公共管理制度框架。所谓治理,是指社会中公共机构、私人机构以及个人管理其共同事务的诸多方式的总和。[①] 它与传统的"统治"或"政府管制"(government)不同,"统治"是指政府作为单一的国家管制机构,基于社会管理需要而实施的具有权威性的专门的公共管理活动;"政府管制"强调政府对社会公共事务进行垄断和强制性的管理;"良好治理"则强调政府、非政府组织、市场、志愿团体及其他社会组织对公共问题的"多中心共治"。近二十年来,"多中心共治"已逐渐发展成为一种内涵丰富、适用广泛的理论,并在许多国家的环境治理中得到广泛应用,成为全球环境治理中最重要的模式。

一、全球环境治理模式的嬗变——从政府管制型到企业自愿型

(一) 政府管制型环境治理模式

政府是一种最高级、最完整的社会组织[②],政府行为作为较为宽泛的概念,既包括法规、政策、计划的制定,也包括它们的执行。福利经济学认

---

① 徐晓林.中国公共管理研究精粹[M].北京:科学出版社,2003:34.
② 刘炳香.西方国家政府管理新变革[M].北京:中共中央党校出版社,2003:59.

为,市场机制的有效运行离不开政府行为。凯恩斯主义为政府管制型环境治理提供了支撑性的理论基础,即政府作为环境治理的主体,具有环境治理的合法性,其环境治理及干预功能被不断放大。① 现代经济理论认为,经济社会的良好运行,必须综合运用市场的"无形之手"和政府的"有形之手",两者不可偏颇。20世纪70年代以来,各国政府在环境治理中的作用日益明显,逐渐形成了政府管制型环境治理模式。

政府管制型环境治理模式是政府部门及其机构作为单一的管制主体在环境治理中的各种政府行为。20世纪六七十年代以来,西方各国在其政府内部都先后建立了专门的环境治理部门,以指导全社会的环境治理工作,并通过强力措施来约束企业的环境污染行为。

政府管制型模式具有以下三个方面的基本特征。

一是政府通过充分行使公共治理职能来保护环境和自然资源。实践证明,与人类生活、生命息息相关的自然资源,如未受污染的空气等,与公共物品一样具有竞争性。也就是说,某个人对自然资源的使用会妨碍其他人的使用,并不可避免地会导致"公共地悲剧",因为私人决策者的理性本能倾向于过度地使用公共资源。市场机制对于环境污染的"公共地悲剧"显得无能为力,人们无法指望市场机制去自发地保护环境与自然资源。面对环境保护的市场失灵,政府有义务借用政府机制这一工具对环境污染问题进行限制和规范,如制定污染排放标准、征收排污税、对受害方施以污染补贴等。政府通过公共治理职能的行使,对环境和自然资源进行管制,以保证代际的公平以及人们可以自由地使用人类共有的资源。

二是公共物品和服务由政府提供更有效。西方经济学认为,政府在社会经济生活中扮演着公共物品提供者的角色。公共物品具有非排他性和非竞争性,必须由代表公共利益的政府和非政府组织等公共机构提供。公共物品的提供具有不同的模式,政府不能全部大包大揽,当然,在各种模式中,政府一直在发挥着重要的作用。比如,中央政府一般提供的是涉及全国共同利益的公共物品,如国家环境治理的战略方针等制度形态物品以及各省(自治区、直辖市)之间环境治理与合作关系的协调、环境

---

① 阿瑟·塞西尔·庇古.福利经济学[M].北京:华夏出版社,2013:104.

治理项目的建设等;地方政府提供的是事关地方环境治理的公共物品,包括地方环境治理的战略方针、法规条例、各地区环境治理关系的协调、跨地区环境治理的项目建设等。根据市场失灵的不同表现,政府介入的程度有所不同,不同公共物品的提供模式也不同,但政府的作用不可或缺。

三是政府对突发性环境危机处理具有高效性。20 世纪 70 年代以来,伴随着世界经济的快速发展,世界各国特别是一些发展中国家面临环境持续恶化的状况,环境危机进入一个高发阶段。1986 年 11 月 1 日,瑞士巴塞尔市桑多斯化学公司一个装有 1 250 吨剧毒农药的钢罐发生爆炸,硫、磷、汞等各种有毒物质经下水道排入莱茵河,在河中形成 70 千米长的微红色剧毒物质漂流带,以时速 4 千米漂向下游。灾难发生后,瑞士联邦政府立即启动环境危机管理应急机制,要求关闭沿河所有自来水厂,居民家中用水改为汽车直送。此次桑多斯化学公司火灾引发的居民用水危机在较短时间内得以有效控制,显然得益于政府管制型环境治理模式。政府处理公共危机的优势在于其可以运用公权力快速地做出反应,使危机事件在短时间内得以缓解或解决,消除负面影响。

20 世纪 80 年代以来,政府管制型环境治理模式在世界范围内逐渐失去了其原有的主体地位,但由于其具有一定的优势,所以许多国家并未完全放弃该模式,而是将其与其他模式并用。

(二)市场调控型环境治理模式

西方微观经济理论认为,在许多情况下,外部影响之所以存在并导致资源配置失当,是由于产权不明确。产权是一种财产权,是不同利益主体对某一财产占有、支配和收益的权利,它包括财产的所有权、占有权、支配权、使用权、收益权和处置权等。其中,所有权是根本产权,也叫终极所有权,是产生其他各权能的基础。[①] 如果产权界定明确,财产就可以自由交换和流通,从而实现资源的合理配置,许多外部影响就可能不会发生。例如,某条河流的上游污染者使下游用水者受到损害,如果下游用水者拥有使用一定质量水源的产权,则上游的污染者将因把下游水质降到特定质

---

①　陈建华,殷杰兰.管理学[M].河南:河南大学出版社,2013:235.

量之下而受罚。在这种情况下,上游污染者便会同下游用水者协商,将这种权利从他们那里买过来,然后再让河流受到一定程度的污染。同时,遭到损害的下游用水者也会使用出售水源产权得到的收入来治理河水。总之,由于污染者为其不好的外部影响支付了代价,故其私人成本与社会成本之间不存在差别。① 这种对付外部影响的办法,即规定产权的政策,是科斯定理的特例。科斯定理认为,只要产权是明确的,假设在其交易成本很小或者为零的情况下,无论此时产权归谁,市场均衡的最终结果都可以达到帕累托最优,即最有效率。② 在科斯看来,在所给条件下,只要市场力量足够强大,就总能够使外部影响"内部化",从而仍然可以实现帕累托最优状态,而无须政府的干预。林德布鲁姆认为,市场化治理机制就是凭借交易方式中的相互作用,而不是通过中央指令对人的行为在全社会范围内实现协调的一种制度。③ 斯凯尔彻曾用简洁的语言描述了市场化治理机制的寓意和主要特色:价格机制是关系协调的主要方式。冲突出现时,有关团体的责任一般通过讨价还价或者诉诸法律确定。市场机制使参与者有很高的自由度来决定他们是否组成同盟,虽然环境的竞争特性和各个团体的潜在猜疑会限制他们对公共事业负责任的程度。④

科斯定理同样可以用在环境治理问题上:"公共地悲剧"发生的原因在于公有物属于无主物,我们可以通过市场调控将公有物的产权界定清晰,使"公共地悲剧"发生的广度和深度尽量减少。市场调控型环境治理模式就是希望通过私有化保护环境这一公共物品,借助无形的"市场之手"对各种不同环境资源的稀缺程度予以界定,以促使世界各国或地区合理开发与利用环境资源并对环境恶化问题进行有效治理。市场调控型环境治理模式本质上是环境治理的一种经济工具。20 世纪 80 年代以来,市场调控型环境治理模式已经成为经济合作与发展组织(Organization for Economic Co-operation and Development, OECD)各

① 高鸿业.西方经济学(微观部分)[M].第六版.北京:中国人民大学出版社,2014:201.

② R.H.科斯.社会成本问题[J].法律与经济学杂志,1960(10):234.

③ C.E.林德布鲁姆.市场体制的秘密[M].耿修林,译.江苏:江苏人民出版社,2002:103.

④ Vivien Lowndes, Chris Skelcher. The dynamics of multi-organizational partnerships: an analysis of changing modes of governance[J]. Public Administration, 1998(02): 318.

成员国环境治理的主要手段。①

市场调控型环境治理模式具有如下四种基本形式。

一是建设—运营—移交(build-operate-transfer，BOT)模式。对许多发展中国家来说，由于各种原因，能源、交通等领域的基础设施建设往往存在庞大的资金缺口，BOT模式在一定程度上能缓解这种矛盾，其本质在于政府或所属机构为项目投资者所提供的建设和经营特许权协议(concession agreement)是项目融资的基础。BOT模式又被称为"暂时私有化"(temporary privatization)过程，是私人机构经政府特许，获得一定时期内自筹资金建设、经营和管理某些基础设施及其相应的产品与服务的权利。政府既要保证私有资本的获利性，又要保证其提供的公共产品或服务的数量、质量及价格的合理性。政府和私人机构共同承担BOT模式风险。私人机构在特许期限结束后，按协议约定向政府部门移交基础设施的所有权与经营管理权，由政府指定部门经营和管理。说到底，BOT模式下的私人投资者不具有项目的所有权，仅拥有一定时期内项目设施的经营权。

二是移交—运营—移交(transfer-operate-transfer，TOT)模式。TOT模式在本质上属于BOT模式的新发展。在长期发展过程中，BOT模式为了适应不同的环境条件，衍生出许多变种，TOT模式便是其中之一，除此之外，还包括BOOT(build-own-operate-transfer)模式、BOO(build-own-operate)模式、BLO(build-lease-operate)模式等。TOT模式是指投资人经由政府或国有企业授权同意购买获得一定时期内已建成项目的产权和经营权，通过约定时间内的有效经营回收先前投资并获得合理回报，在约定期满之后，投资人再将项目回交政府或原有企业的一种融资方式。企业在进行收购或兼并时也可以采取TOT模式。

三是公共私营合作(public-private-partnership，PPP)模式。PPP模式是近年来为了弥补BOT模式的不足而出现的一种新的融资模式，即政府与社会资本以合作的方式共同开发建设既有设施项目，旨在实现合作

---

① 朱德米.地方政府与企业环境治理合作关系的形成[J].上海行政学院学报，2010(1)：56-58.

的"双赢"或"多赢"。其运作程序是：政府先以政府采购的方式对有关建设项目进行招投标,再与中标单位组成的特殊目的公司(由建筑公司、服务经营公司或对项目进行投资的第三方组成的股份有限公司)签订特许合同,特殊目的公司负责项目的筹资、建设及后续经营。为了保证特殊目的公司获得资金支持,政府通常会与贷款机构签订有关协议,让贷款公司承诺按与特殊目的公司签订的合同支付有关费用。PPP 的实质是：为了减少政府财政压力,政府通过给予民营企业一定时期内项目的特许经营权和收益权换取社会公共基础设施的建设与运营。在西方社会,PPP 模式的应用很普遍。早在 1992 年,英国就开始使用 PPP 模式,将其广泛应用于交通、卫生、公共安全、国防、教育、环境治理等工程之中。在我国,PPP 模式的应用近几年也逐渐得到了发展。例如,郑州市的东五环项目就是河南省首个运用 PPP 模式实施的工程。该工程于 2015 年 9 月被列入省财政厅 PPP 推介项目,同年 10 月,项目 PPP 实施方案获得市政府批复。项目批复总预算为 11.49 亿元,其中,征地拆迁费用 3.94 亿元,由沿线县区政府筹集；申请国家补助资金 2.04 亿元；剩余 5.51 亿元由中标的社会资本与市交建投公司共同组建的 PPP 项目公司筹集。项目建设期、运营维护期等特许经营期设置为 14 年,其中含建设期 2 年。[①]

四是社区自助(self-help community, SHC)模式。SHC 模式是指经全体业主成员同意后,社区自主建设各种污染物处理设施的环境治理模式。在这种模式中,社区组织为环境治理的管理方,建设污染物处理设施的实施方一般由专业公司来承担,社区内各位业主负责承担各种建设费用。[②] SHC 模式属于分散处理模式,与集中处理模式相比,具有小投资、小规模、技术要求不高的特点,比较适用于农村社区以及远离城市中心区域、各种市政管网难以覆盖的市郊地区,其用户群比较明确,收缴费用简单。

(三) 企业自愿型环境治理模式

面对日益严峻的生态环境问题,越来越多的企业认识到减少污染是

---

① 刘凌智,曹萍.明年底又一条大道贯穿航空港区[N].郑州晚报,2016-03-29.
② 李伟,姚薇之.城市污水处理市场化模式[J].资本市场,2004(3)：69-71.

企业应承担的社会责任之一。长期以来,传统经济学认为,企业的天然职责在于为股东实现企业利润的最大化,而保护和增进社会福利则是政府和非营利组织的责任。社会经济学认为,从企业与现代社会的关系来看,社会与政府通过各种法律法规认可了企业的建立,给予它利用各种生产资源的权力以及许多优惠政策,包括允许企业对环境某种程度的损害,因此,企业不但是对股东负责的"经济细胞",而且是伦理实体和社会公器。循环经济理论和现代企业以循环生产模式取代传统的线性模式,就是基于对企业伦理实体和社会公器的定位而取得的觉悟和进步。基于此,企业应当主动、自愿地对社会负责,既要创造利润,也要增加社会福利,减少对环境的污染,改善并提高社会的生活质量。

企业自愿型环境治理模式具有以下三个方面的特征。

一是治理承诺的自愿性。进入 21 世纪以来,更多的跨国公司声明:"自觉遵守 AA1000、SA8000 等规范和标准是企业义不容辞的责任和义务;用约束机制与纪律来规范自身和供应商的行为,定期发布反映企业社会责任表现的年度报告;主动、自觉地降低其他不可再生资源的消耗,减少企业对环境的破坏。"①这是企业管理者根据企业的价值观、道德观以及企业内部治理的规章制度自愿做出的抉择。

二是治理形式的多样性。企业自愿型环境治理模式源自企业自身对环境治理严峻性认识的提高。由于世界各国国情不同,各国的企业自愿型环境治理模式呈现出多样性,主要有单边承诺、私下协议、谈判性协议和开放性协议等形式。单边承诺,是指企业自身制定的环境治理中长期计划。为了做好有关计划,企业需要政府、企业以及社会公众等环境利益攸关者的合作、指导与建议以及独立的第三方监督。20 世纪 80 年代,加拿大推行的"责任关怀"(responsible care)就属于典型的单边承诺。1985年,加拿大政府首先提出"责任关怀"的企业理念,1992 年,该理念被化工协会国际联合会接纳并形成在全球推广的计划。"责任关怀"是全球化学工业自愿发起的在健康、安全及环境等方面不断改善绩效的行为,是化工行业的自愿性行动。私下协议,是指污染企业根据社会上独立的第三方

---

① 单忠东.中国企业社会责任调查报告(2006)[M].北京:经济科学出版社,2007:38.

机构确定的污染程度,主动与附近的居民、单位等污染的受害者签订协议,各方共同制定的企业环境治理计划。在此协议下,企业负责安装污染治理设备,并对前期的污染做出合理的赔偿。2013年1月,河南省平顶山宏鹰选煤有限公司(以下简称宏鹰选煤)与附近住户签订的赔偿协议就属于私下协议。宏鹰选煤承诺,自2011年5月至2012年12月,宏鹰选煤因污染环境向其下属洗煤厂附近的住户赔偿1 000元/户,且从该签订协议之日起每半年赔偿一次。谈判性协议,是指企业与其所在地区的公共机构通过谈判就企业的中长期环境治理计划达成某种协议。协议内容主要包括企业的环境治理目标、时间以及投入的资金、设备等。此外,企业也会对前期污染给周围居民、单位所造成的经济损失给予一定的补偿。从签订协议到达成目标的这一时段,公共机构一般不会再就协议内容追加其他条款,也不会再给企业引入新的环境治理标准。开放性协议,是指企业对国家环境保护与治理部门所制定的环境管理标准与条款认可并遵守,自愿接受环保部门对企业环境治理计划的执行情况进行评价,这类标准与条款通常会涉及环境绩效、生产技术等。环保机构也会主动向企业提供涉及技术支持、科研补助以及许可企业使用某种环境标识等形式的经济激励。美国环保局制定的33/50计划以及绿色电力、能源之星等都属于开放性协议。

三是治理结果的多赢性。企业进行环境治理的成本尽管会导致企业产品价格上升,但从世界范围来看,越来越多的企业自愿加入主动治污的队伍,原因在于企业主动治理污染可以使企业、社会等各方达到多赢。首先,环境治理较好的企业在社会上拥有良好的声誉,良好的声誉就是生产力,就是利润。其次,企业主动制定环境治理指标有助于政府环境治理目标的实现,也会减少政府的规制成本。例如,德国行业协会在1990年制定的环境治理目标是到2015年将二氧化碳排放量和能源使用量减少至1990年的20％,而德国政府原来制定的环境治理排放标准是将二氧化碳排放量减至1990年的25％～30％。最后,环境治理有利于企业生产力的提高。许多传统企业都是建立在高耗能、高污染、高排放基础上的高碳企业,它们对环境造成了极大的危害。现代社会低碳发展的要求对它们的环境治理规划、生产流程、组织结构都提出了挑战。这些企业通过创新设计流程和自愿参与环境治理规划,对企业生产方式进行从高碳到低碳脱胎换骨式的改造,这本质上也是对企业流程的一个再造。迈克尔·哈默(Michael Hammer)和詹姆斯·钱皮(James Champy)主张"对企业经营流程彻底进行再思考和再设计,以便在业绩衡量标准(如成本、质量、服务和速度等)上取得重大突破"。① 参与环境治理的企业将会在原材料与信息技术供应、生产流程改善等方面获得政府或社会提供的多种优惠与资助,这将有助于企业进一步提高生产力,激发和增进其竞争力。

二、环境治理模式的发展困境分析

(一)政府管制型环境治理模式的发展困境

1. 政府管制型环境治理模式中存在着信息不对称问题

信息经济学认为,帕累托效率最优状态的条件是拥有完全信息。但是在现实中,信息不对称却是常态。首先,中央政府与地方政府在环境治理中具有不同的功能定位,中央政府着力于宏观治理,地方政府则侧重于地方的微观事务。因此,地方政府拥有中央政府所不具备的信息优势。其次,中央政府与地方政府对经济与社会的发展理解也会有所不同,中央政府更强调经济与自然环境的协调,而地方政府具有很强的经济属性,当发展经济、增加 GDP 与环境保护相冲突时,环境保护往往会被放在第二位。最后,地方政府会人为地对向中央政府汇报的环境治理信息进行"过滤",即将不利于地方发展的信息"过滤"掉或进行截留,中央政府无法得到地方环境治理的真实信息,导致中央政府与地方政府在环境治理信息方面严重不对称。

2. 政府管制型环境治理模式中存在着环境治理的高成本问题

近十几年来,由于环境污染超出了地球所能承受的极限,环境治理进入高成本偿债期。在政府管制型环境治理模式中,政府包揽了几乎所有关于环境治理方面的问题,导致环境治理成本不断攀升,但治理效果却不尽如人意。有专家认为,造成我国环保高投低效的原因在于国家采用了

---

① 迈克尔·哈默,詹姆斯·钱皮.企业再造[M].王珊珊,胡毓源,徐荻洲,译.上海:上海译文出版社,2007:230.

不太适当的环境治理模式,应当纠正过度依赖政府的环境保护做法。

3. 政府管制型环境治理模式中存在着制约其他环境治理主体能力发挥的问题

从西方国家的实践来看,环境治理运行机制已不再单纯局限于中央政府与地方政府之间的互动,而是形成了一个涵盖企业、政府、社会等多重主体在内的合作运行网络。但政府管制型环境治理模式所强调的政府在环境治理中的强势地位导致其他社会参与主体很难介入其中,他们的力量不能自然而然地发展壮大,严重妨碍了他们在环境治理中主观能动性的发挥。此外,政府管制型环境治理模式在耗费大量社会资源的同时,还不可避免地会发生失误而走些弯路,从而使环境治理的效率大大降低。

（二）市场调控型环境治理模式的发展困境

1. 环境治理中的投资收益问题

企业投资环境治理的收益低、回报周期长,而且其收益也并非投资者个人所能完全拥有,因此,企业投资环境治理的积极性不高。

2. 市场中的"经济人"有害于环境治理

西方经济学中最基本的假设就是"经济人"假设。"经济人"的任何一种经济活动都会对外部产生影响,例如,造纸企业在获得利润的同时也给环境造成了污染,这就是经济的负外部性;再如,目前我国的钢铁产量虽然世界第一,但却消耗了大量的铁矿石等原材料,同时由钢铁生产造成的环境污染持续多年难以得到根本的改善。长此以往,我国的可持续发展将难以为继。

3. 市场调控型环境治理模式中交易成本的存在会影响其效用

市场调控型环境治理模式在理论上可以解决外部不经济问题,但在现实中,由于大家习惯将生态环境视为公共物品,公共物品的非排他性和非竞争性特征使得许多"搭便车"的现象不可避免。欣德摩尔(Hindmoor)认为,市场化治理模式还可能会导致特别的交易成本,如复杂性、权力不对等、信息不对称等。[①] 同时,市场调控型环境治理模式下的地方政府可能会由

---

① Hindmoor A. The importance of being trusted: transaction costs and policy network theory[J]. Public Administration, 1998(76): 25-43.

于过于注重追求利益最大化而出现一些消极效应。[①]

（三）企业自愿型环境治理模式的发展困境

1. 企业自愿型环境治理模式会出现企业"搭便车"的行为

企业的"经济人"特征使一些企业不愿自动加入环境治理的队伍，不愿遵守国家环保方面的法律法规。同时，环境立法的滞后性使得一些企业宁愿"搭便车"，也不愿参与到自愿型环境治理的行列中。

2. 企业自愿型环境治理模式的可信度较低且事后评估难以进行

君子协定式的企业自愿型环境治理属于道德范畴与伦理范畴，没有强制性，企业污染治理规划的实施以及治理信息的发布、报告制度缺乏相应的制约机制，即使企业没有真正执行到位也没有相应的惩罚机制。这可能会降低社会对企业自愿型环境治理模式的信任度，而且也难以对企业污染治理的行为进行有效的事后评估。

3. 企业自愿型环境治理模式会导致某些治污设施的重复建设

企业自愿型环境治理模式是企业自愿、独立开展的一种治污模式，企业相互之间的交流不多，大多企业都是依据自身的状况制定治污规划、购买治污设施。这种"各自为政"而非"整体推进"的环境治理模式会导致企业之间治污信息不对称，各种治污设施可能会重复投入、重复建设，无谓地增加了环境治理的社会成本，造成资源浪费，甚至会出现新的污染。

三、全球环境治理模式的发展趋势——多中心共治模式

从 20 世纪六七十年代至今，国际环境治理已经走过了四十多个年头，治理模式相继经过了由政府管制型、市场调控型再到企业自愿型的发展，但它们无一不是单一主体的环境治理思路，在实施过程中存在着各种不同的操作困境。多中心共治型环境治理模式打破了传统环境治理模式的束缚，认为环境治理并非单一主体，而是以政府、市场和社会为主的多中心主体共治。在这三种治理主体中，政府管制的权威性、市场调控的及时回应性以及企业自愿治理的自愿性在多中心共治模式中相得益彰、优

---

① 张明军，汪伟全.论和谐地方政府间关系的构建——基于府际治理的新视角[J].中国行政管理，2007，(11)：92-95.

势互补。哈兰德·克利夫兰(Harland Cleveland)曾指出,现在人们所思、所想、所需、所求的未必是更多的政府统治,而是更多的治理。① 笔者认为,多中心共治模式将是打破传统环境治理模式困境的最佳路径选择。

(一)多中心共治型环境治理模式的基本特征

多中心共治型环境治理模式具有治理主体的多元性、治理权力关系的调整性、治理的互动性、治理的特定统治性、治理的多极性五项基本特征。

一是治理主体的多元性。多中心共治型环境治理是一种多元行动主体间相互合作的过程,包括国家机关与公民社会的合作、政府部门与非政府部门的合作、公共机构与私人机构的合作、中央政府与地方政府的合作、地方政府与地方政府的合作以及超国家地方组织与地方政府的合作。

二是治理权力关系的调整性。多中心共治型环境治理意味着中央政府与地方政府之间权力关系的调整,中央政府只负责环境治理的宏观调控,即环境治理大政方针的制定,而把环境治理中的微观事务交由地方政府负责,使地方政府承担更多的环境治理职能,发挥地方的积极性、主动性和创造性。同时,地方有权要求参与中央决策事宜,实践地方参与国政的精神。

三是治理的互动性。多中心共治型环境治理意味着政府与公民之间建立了互动的合作关系,鼓励公民积极参与公共事务,发挥民间组织的主动性,使之承担更多环境治理的职能,完成公民治理的目的。

四是治理的特定统治性。多中心共治型环境治理意味着在许多带有不同目的和目标的行动者之间,如政治行动者、机构、企业、公民及跨国政府等,维持一定的协调与一致性。②

五是治理的多极性。多中心共治型环境治理意味着对政府单极统治的放弃,同时,西方国家在全球化快速冲击的背景下也将其权力向国际层次以及地方政府转移。公民参与环境治理事务的管理,符合民主化的

---

① Frederickson C H, Smith K B. The Public Administration Theory Premier[M]. Colorado: Westview, 2003: 235.

② Papadopoulos Y. Cooperative forms of governance: problems of democratic accountability in complex environments[J]. European Journal of Political Research, 2003(42): 473-501.

潮流。

（二）多中心共治型环境治理模式的优势

多中心共治型环境治理模式的优势表现在以下三个方面。

一是多中心共治的优势互补性。多中心共治型环境治理模式就是各方主体在环境治理的各个层次、各个区域同时进行调节，同时供给公共服务，充分发挥各类治理主体的能动性。多中心共治的制度设计关键在于实行分权，因此，多中心共治模式下的环境治理必须依靠多元治理主体的通力协作。

二是多中心共治的快速回应性。西方国家环境治理的实践表明，相对于中央政府单一中心的管理体制，多中心共治型环境治理模式中的地方政府、非政府部门、私人机构以及超国家地方组织比较接近基层，能够更好地回应公民的环境治理需求。公共选择理论认为，数量较多的地方政府及其他组织彼此紧密合作，常常可以更有效地提高效率和效能。[①]

三是多中心共治的相互合作性。任何一个地区都不可能具有其经济发展所需的一切资源，也不可能独立地解决所有问题，各地区必须通过合作和互通有无，使各类资源和生产要素在区域之间实现优化配置。[②] 因此，多中心共治型环境治理模式有利于治理主体之间相互合作，建立污染共治的伙伴合作关系。

（三）多中心共治型环境治理模式在低碳发展下的运行困境

多中心共治型环境治理模式由于发展时间短，其本身还存在各种不足。例如，该模式网络状的治理结构容易导致权力交叠现象的发生；该模式多中心的治理主体意味着目标的多元性，进而导致目标冲突的产生；该模式多中心的治理主体之间存在相互依赖性，各主体之间的责任边界比较模糊，使治理问责略显尴尬。此外，多中心共治型环境治理模式发展的困境更多地体现为该模式在运行中需要克服的各种具体难题，这主要表现在以下五个方面。

一是中央缺乏与地方合作的意愿，地方环境治理能力不足。在环境

① 尼古拉斯·亨利.公共行政与公共事务[M].北京：中国人民大学出版社,2002：312.
② 郭翠璇.试析"泛珠三角"区域科技合作动因与阻力[J].广东经济,2005(10)：51-52.

治理中,中央与地方处在一种不对称的民主政治权力关系中,中央政府视地方政府为其附属单位,容易忽视地方政府在环境治理方面的需求与疾苦,以至于在发生环境治理权限争议时,经常不能灵活地解决中央与地方间的矛盾与冲突。另外,中央政府长期的过度支配使地方政府丧失了解决环境治理问题冲突与矛盾的能力。这种能力的丧失一方面表现在地方行政职能部门协调解决环境治理冲突的能力与意愿不够,另一方面表现在地方政府缺乏解决冲突的应变机制。

二是地方治理资源的稀少性。资源是地方政府有效运作的基础,也是中央与地方政府关系冲突与争夺的焦点。中央与地方环境治理合作关系能否有效运作,除了关乎两者的策略性互动,更受制于资源稀少性的影响。在中央与地方关于环境治理的互动中,地方政府的资源稀少性主要表现在环境治理的人力资源、财政资源与政治资源等方面。这三个方面的资源限制为地方政府在环境治理方面的具体运作带来了人力结构失调、自主性逐渐萎缩、治理能力不足以及组织结构落差等难题。这是中央与地方最重要的冲突。

三是行政区划隶属不同,环境治理运作存在困境。环境治理需要投入大量资源,加之河流污染、雾霾等公共环境问题,这些都不是单一某行政区能解决的。但现实中的污染治理问题常受限于辖区割裂而不能以区域发展为基础,这阻碍了地方整体的健康发展。

四是缺乏跨部门及区域性整合协调机制。随着公民环保意识的提高以及无烟囱工业的提倡,环境治理除了需要政府的全盘规划,还需要民间团体的参与,两者只有形成伙伴关系,才能使经济社会的可持续发展获得全社会的认可。从发展中国家来看,虽然社区组织积极参与,但多中心共治型环境治理仍有资源分配不均的情形,因此,当务之急是依据相关政策进行资源整合与横向联系。

五是地方公共事务的外部化。地方环境治理的事项并非完全局限于一地的地方行政区域,有时这些事项因具有外部性或"邻避现象"而造成地方政府之间的冲突,阻碍了区域的发展。例如,北京市的阿苏卫垃圾填埋场作为北京市大型垃圾填埋场之一,目前生活垃圾日处理量达 4 300～4 400 吨。为了进一步提高垃圾处理率和资源化率,北京市政府决定建设

"阿苏卫循环经济园区项目"，即在现有垃圾填埋场的基础上新建垃圾焚烧发电厂等设施，实现垃圾焚烧处理量占全市处理总量15％左右的目标。但是新扩建项目遭到周围居民和村民的抗议，最终政府以提高环境补偿额的方式息事宁人，周围的居民和村民也全部搬迁，项目如期建成。

上述政府管制型、市场调控型、企业自愿型三种环境治理模式在环境治理实践中都存在着其自身难以摆脱的困境，而多中心共治型环境治理模式无疑是对前三种单一主体治理模式的突破，是当今环境治理的发展方向与趋势。多中心共治型环境治理模式可以充分发挥政府的宏观主导、市场的微观调控以及非政府组织、民众的积极参与等多元主体共治的优势，充分调动多元主体的积极性，使之形成环境治理合力，促使环境治理水平和能力大幅提升，从而实现生态环境的"善治"。

第三章　低碳发展下我国环境治理的现实障碍

　　我国现行环境治理模式是计划经济向市场经济转型、粗放型经济向节约型经济变迁、管理型政府向服务型政府转变、人治向法治过渡、单一文化向多元文化变动等经济、政治、社会文化深度改革的产物。无论其成功之处或缺憾之处，深层次的原因都和这种历史的大转型紧密相连。因此，思考我国环境治理模式的缺陷，以对其形成改造和发展，必须深入到这种大的背景当中去反思和创新。

　　"模式"的英文为"pattern"，简单地说就是基于生产和生活经验而形成的系统化的知识结构，是针对某一类问题解决方案设计的方法论体系。"模式"一词在不同的学科领域或社会分析层面都有着广泛的应用，其内容的变化随着分析或认识对象的不同而具有不同的特质，如社会经济发展模式、管理模式、计算机系统模式等。环境治理模式则是环境治理过程中形成的方法论核心知识体系，在一定意义上，其特指环境治理核心策略或核心驱动力的选择，即是以人为核心的随机性治理还是稳定的制度性治理，是传统的管制还是现代的引导，是事后的惩罚还是事先的预防，等等。一个完整的环境治理模式应包括环境治理的全部体制和机制要素，既是制度性的又是非制度性的，但其根本则是制度性的，因为作为现代社会的治理模式，制度要素事实上决定着非制度要素。

　　我国过去以国家、政府为主导的环境治理模式基于现代性的深刻原因产生了危机，一种新的国家—社会互动型的公共治理模式已经出现并将继续发展。如果我们希望这种崭新的治理模式在实践中获得不断的创新发展并真正实现治理实践的转型，那么我们必须把目光转向我们的制度实践本身。

一、我国现行环境治理制度的缺陷

我国现行的环境治理制度体系十分庞大,其基本框架是自 1973 年第一次全国环境保护会议召开到现在所形成的、具有中国特色的环境管理八项制度。*围绕上述制度,作者对我国现行的环境治理制度体系进行了全面而系统的社会调研和理论分析。

（一）现行环境治理制度运行基础薄弱

1. 顶层设计不合理

现行环境管理制度尽管在规范内容的建设上已经具有了一定的基础,对控管对象的覆盖也已比较全面,但是在其他诸多方面仍然存在不尽完善之处,其中特别突出的就是环境管理制度的顶层设计不合理。这种不合理具体体现在财政、人事以及由这两者影响和决定着的政策制定和立法行为等互相关联的几个方面。

首先,现行的中央和地方财政分权体制制约着地方参与环境治理在资源投入上的力量增长和效率提升。财政分权是指国家根据中央和地方以及不同部门各自的职权事责范围和受益范围,将财政权力合理地划分、配置给各个政府部门,充分发挥地方政府分散行使财政权力的优势,中央政府和上级政府只处理地方政府和下一级政府无力解决和不善解决的事务,市场的事务交由市场解决,超越市场的事务则由政府负责。同时,国家根据既有的公共产品和公共服务状况、供给主体的责任、成本费用以及效益分享情况,具体确定中央政府和地方政府财政分权的边界和范围。这样,财政分权才能有效实现分散提供公共产品和服务的效率优势,并更好地调动地方政府为公众谋求最大利益的工作积极性,从而实现资源合理配置的目标。这种财政分权的方式由于降低了资源分配的层级,有效实现了地方政府竞争关系的合理化,进而很好地约束了官员的寻租行为;同时,在客观上也使地方政府保护落后企业的成本支出有所增加,进而促进了市场体系的繁荣。

---

　　* 所谓八项制度,即环境保护目标责任制、综合整治与定量考核、污染集中控制、限期治理、排污许可证制度、环境影响评价制度、"三同时"制度、排污收费制度。

我国财政分权的发展历史和现实结果虽然取得了上述方面的成就，但是也产生了一些客观的负面因素，且这些负面因素在环境治理水平的提升中愈发成为限制性原因。我国的财政体制在新中国成立初期主要是计划经济下的集权制模式，这种模式极大地束缚了经济主体的积极性，制约了经济发展的活力。改革开放时期，我国建立了逐步分权的财政包干型管理体制，给予了地方较大的财政权力，为地方经济和社会的发展注入了强劲的动力。但这样的财政管理制度造成了中央政府对市场控制力度薄弱的现实危机，使中央财政的宏观调控能力大大降低。因此，为增强中央财政的集中度，缓解巨大的财政压力，避免中央和地方间财政问题的扯皮，分税制财政管理体制于 1994 年被提上日程。分税制财政管理体制实施之后，中央财政力量持续上升，但同时地方的弱势也立即凸显。一方面，地方对市场的控制能力大大降低，财政级次过多导致地方政府财政资金的利用效率低下，增加了腐败官员的寻租机会；另一方面，事权和财权之间的配置矛盾上升，致使地方政府提供公共产品或供给的服务能力下滑。

其次，财政分权效率性的目标还必然要求地方政府拥有人事方面的决定权。但是，目前我国高度的行政垂直集权状况从根本上与之相冲突，地方核心的人事安排均由上级政府决定，地方政府基本无视基层群众的意见和要求，只对上级政府唯命是从。此外，各级政府在人事选拔任用机制上，过多地强化了政治性标准而弱化了专业性标准，特别是对 GDP 的高度关注进一步强化了人事问题对财政分权的限制作用。

综上，地方政府为了实现自我发展中的相对优势，不再简单地采取对本地区经济发展予以单面激励的行为，而是综合利用财政、税收、教育、医疗、福利乃至环境政策与其他地区政府展开区际竞争，努力吸引资本、劳动力和其他社会资源的进入，以增强本地区的区域竞争优势，并最终通过包括环境支出在内的公共支出结构的负面扭曲赢得短期的迅速发展，获得社会和中央的认可。因此，环境治理问题在长期以经济发展为重心的社会发展基调上无法在政府管理的行政模块当中占据主要的位置，政府在环境治理方面的财政支出长期无法获得有效的保障，环境治理部门既缺少财政资金的重要支持，又缺少人事方面的良好配置和储备。同时，财政权、人事权等方面在宪法和法律层面的缺位,使得环境治理处于随机的、不确定的状态,再加上各地区经济发展上的不平衡和市场的分割,使得基层财政能力更加无法满足公共服务事业的现实需求。

目前,我国基层环境保护部门现有工作人员有限,特别是由财政支付工资的公务员群体有限,导致区县级执法部门工作人员数量和其工作任务不匹配、工作机制不合理。

我国环境治理法规政策的制定主体是各级人民代表大会和政府,尽管其从根本上来说,立法的权力来源于人民,立法的本意是服务于人民,但是,现阶段我国经济目标对社会发展的重要性使环境治理的价值被极大地弱化。此外,财政分权、政绩评价等因素也在深刻影响着我国环境治理的政策制定、立法建设乃至执法和司法。因此,各种现实因素的存在把我国环境治理制度建设和运行限制在一种复杂的制度困局之中。

2. 立法供给不力

环境立法体系建设是我国环境管理的基本前提。目前,我国已经建立了环境保护法律体系的基本框架,并且这一框架在社会环境治理方面发挥了显著作用。但是,我国的环境保护立法还存在诸多的缺陷,如立法权配置不科学、立法滞后、立法内容的现实操作性差等。这些缺陷的存在使得环境立法无法适应环境治理的实际需要。

第一,立法权的配置不科学,存在脱离现实、基层参与匮乏的缺陷。在很长时期内,我国包括环境立法权在内的立法模式是以中央统一立法体制为主、省级立法为辅,而地市级人大、政府以及众多环境执法部门和人民群众的立法参与途径缺失。这种立法模式一方面不能充分对社会环境执法的实际情况予以把握,另一方面更缺少对环境问题区域性、基层性等特殊问题的考虑,致使立法过多地以宏观的框架设计为主,而对微观的具体操作的可能性和现实性关注不足,不能直接地解决实际环境问题。

第二,立法内容的设计不能及时满足社会实际变化的需要。近年来,传统环境污染问题日趋复杂化:在水环境污染方面,一方面有机污染尚未根本解决,另一方面营养物污染和有毒有害物质污染又成为新的困扰;传统的煤烟型大气污染现象不仅没有减少,而且逐渐转化为新的更难治理的复合型污染；同时，污染源点、面共存，生活污染与工业污染相互影响，畜禽养殖、土壤污染等农业和农村污染正成为新的污染增长点。面对以上问题，目前的立法模式在一体化、预防性、统筹安排方面欠缺，不能形成制度治理的全面覆盖。

第三，由于社会公众认识不足以及科技能力有限，各种新型的污染现象不能及时进入立法关注的领域。例如，许多从国外引进的化学产品或工业原料中含有大量我国还没有立法管理的污染物；又如，重金属污染、持久性有机物污染、电子垃圾等新的环境风险问题越来越多，输变电工程、通信基站等大型电磁发射设备引发的辐射环境安全压力不断加大，生物多样性减少，生态环保调控系统功能下降等现象在成为公众关注热点的同时，却极少立即进入立法的视野范围。

3. 经济运行效能较低

社会经济的发展是存在历史惯性的，且原有的政治经济的发展惯性在短期内无法改变，而这种惯性必然对新型环境治理体系的整体发展和构建在客观上产生限制。

过去，我国的经济增长方式主要是粗放型经营，在相当长的历史时期内，强调重工业的建设和发展，而且农业的发展也是重产量而不重质量，缺乏产业布局的总体性考虑和循环经济的预期安排。这造成了现有工农业布局的不合理以及经济、产业结构比例的失调，使得产业链条的"结构型"环境污染十分突出。

以洛阳市为例，"一五"期间，为大力发展经济，国家在此组建了洛阳拖拉机厂、洛阳耐火厂、洛阳玻璃厂、洛阳轮胎厂等一批大中型重工业企业，其后又逐年上马了许多以煤炭为原料的火力电厂、水泥厂等高耗能企业。正是在这些企业的基础上，洛阳的经济得以迅速发展，人口得以扩张，城市化进程得以加快。但是这些企业在当初建设之时主要考虑的是克服困难上项目，缺乏长远而全面的考虑，因为这些以机械加工、建材、火电为代表的城市核心产业支柱企业同时也是重污染企业，它们却多数分布在城市的上风向或者城市中心。同时，这些企业现有的生产工艺及设备都极为落后，其生产方式依然是粗放型的发展模式，工业"三废"超标排放现象严重。洛阳市市区三面环山，静风率高达30％，大气污染物很难扩散,往往积聚于城市中心。此外,全市包括市区有多条河流经过,污染物很容易被直接排入河流。洛阳市的地形条件和气候特点均不利于空气质量和水资源质量的保持。

虽然低碳时代的经济社会发展对运行效能提出了新的要求,但是数量庞大、规模宏大的传统生产企业转型极其困难,而且其设备更新成本很高。因此,转型不仅是环境治理问题,更是复杂的国企改制、社会就业、生活乃至教育医疗变迁的整体性社会问题。也就是说,环境治理从单一的环境问题变成了整体性的社会重建问题。

4. 政府主导治理存在单向性缺陷

所谓环境问题,是指人类生存的环境受到污染和破坏,引起环境质量下降,与人类的生存需要不相适应,从而影响人体健康和人类社会可持续发展的问题。环境问题具有广泛性、复杂性、时滞性等特征,形成现代社会环境生态污染和破坏的主要污染源,如工业"三废"、汽车尾气乃至城市化中逐渐上升为主要污染的生活垃圾,无不与现代社会中人类经济和社会生活的变迁有关,其广泛地涉及不同经济主体、不同社会群体的多元化利益诉求。环境破坏者、环境受益者与环境受害者相互关联甚至存在一定程度的重叠现象,环境治理是一项牵涉社会利益的总体运动,常常是牵一发而动全身。因此,环境治理与环境保护注定是长期和全民的,必须依靠国家、政府、社会、公民的广泛参与和合作互动。

同时,环境问题的产生和治理活动具有典型的外部性。环境污染中最突出的问题是制造污染的市场主体直接排放污染的私人成本极低并将治理污染的支出转嫁给社会。这种外部性决定了以逐利为目标的市场主体没有治理污染的利益动力。因此,环境治理不可能脱离国家和政府职责的行使,现实的差异只是国家、政府职责行使的策略和方式不同而已。

然而,由于长期受农业社会"靠山吃山,靠水吃水"这种简单的发展模式和观念的影响,再加上计划经济和市场自身发育不够完善,我国环境管理长期处于依靠政府单向性行政管理的模式,历史地造就了权力强制型、危机事件事后惩罚处理型简单环境管理机制。在政治体制的构架上,我国环境民主发展层次较低,基本依靠政府表演"独角戏",民众缺乏参与环境保护的途径,甚至处于环境保护的对立面;参与管理的政府工作人员也被形塑为权力掌握者和使用者,轻视或无视公众参与环境治理的内在力量和可能性。

在这种单向化政府行为的历史惯性下,政府的管理手段长期以来也保持为收费、罚款或强度较高的刑事处罚等单一的权力强制手段[*],客观上忽视了对市场主体自身的激励,忽视了人类主体在生态治理方面的利益一致性。同时,为了实现政府的这种狭隘的单向管理职能,在环境治理这种具有公益性、服务性的事业中,政府不得不继续强化这种角色定位的错误,并同时扮演着管理者和公共服务提供者的双重角色,历史地形成了相关环境治理公共服务由政府垄断的现象(如污水处理、垃圾清运主要由政府通过财政进行负担)。公共服务虽然是政府分内的职责,但是公共服务并不必然而且也不应当由政府独家垄断。最终,政府对公共服务的垄断一方面造成了环境治理高成本、低效率的运行,另一方面也不断损害着政府的治理权威,其财政支出更无端耗费了公共资源,加剧了环境治理权责的不清。

5. 环境治理理念科学性不足

我国环境保护的基本理念历经数十年的发展,从20世纪70年代"全面规划、合理布局、综合利用、化害为利、依靠群众、大家动手、保护环境、造福人民"的三十二字方针,到80年代"经济建设、城乡建设和环境建设同步规划、同步实施、同步发展,实现经济效益、社会效益和环境效益统一"(即"三同步、三统一")的战略方针,再到90年代可持续发展战略的提出以及现今执行的"预防为主,防治结合""谁污染,谁治理"的基本政策,一直秉持着经济发展制造污染,政府权力干预、惩治和预防污染的结果治理型理念。

随着工业社会对农业社会的替代以及工业化的持续深入,环境污染形态逐渐从工业型污染走向消费型污染和工业型污染等多种污染共存的状况。同时,农业污染问题日益凸显,土壤、大气、水等资源都进入了混合污染以及二次污染、三次污染的重复污染时代。有限的制度创新越发在

---

[*] 事实上,环境保护的经济手段并不只限于收费,或者说,收费只是一种浅层的管理手段,环境保护经济手段之实现在于设计一种促使企业出于自身经济利益的考虑而采取有利于环境行为的机制(如排污交易、创建市场等)。

环境问题面前显现出无力感,政府环境治理能力受自身利益或利益集团的影响而常常失灵,其控制能力的有限性大大突出。

环境问题实质上是一个集经济、政治、文化和社会生活为一体的综合性问题。从经济学的视角来看,环境污染的背后实际上是原材料的无端浪费和损耗,是资源和能源的新危机;从政治学和法学上来说,环境污染的症结在于利益的失衡和权力/权利配置的不当,是公共财富的耗损;从文化人类学和社会学上来说,环境污染的根源在于缺乏对生命的珍视、对生活的热爱和对生存哲学的颠覆。

新型的、现代化的环境治理必须改变过去那种孤立的、单向性的、自上而下的管理约束机制,充分调动和实现包括政府在内的多元化治理主体的参与积极性和参与可能性,注重环境治理的合作、参与、自愿、双赢乃至多赢。因此,现代化的环境治理模式既是国家和政府的权力行为和政治行为,也是国家、政府和社会其他主体共同参与的经济行为,更是上述多元主体之间互动协同,涵盖文化塑造、行动协调、制度创造的综合性社会行为。

从更综合的视角来看,从环境管理到环境治理的飞跃并不是简单地停留在上述治理方式的变化上,以源头治理为立足点的清洁生产*和绿色消费**的经济发展理念,实际上提出了环境治理的划时代发展思路,低碳经济、低碳生活、低碳社会才是治理的根本,才是经济效益、社会效益和环境效益统一的根本保障。

---

　　*　清洁生产在不同的国家或地区有不同叫法,如"污染预防""清洁工艺""环境预估"和"预防战略"等。联合国环境规划署提出的清洁生产的概念为:关于产品生产过程中的一种新的、创造性的思维方式,意味着将整体污染预防战略持续运用于生产过程、产品和服务中,以期增加生态效率并降低对人类和环境的风险。对产品,清洁生产意味着降低从原料使用到产品最终处置的全生命周期的不利影响。对生产过程,清洁生产指节约材料和能源,取消有毒原材料的使用,在生产过程排放之前减少废物的数量和毒性。对服务,要求将环境因素纳入设计和所提供的服务中。在2003年1月1日颁布实施的《中华人民共和国清洁生产促进法》中,对清洁生产的定义则为:不断采取改进设计、使用清洁的能源和原料、采用先进的工艺技术与设备、改善管理、综合利用等措施,从源头削减污染,提高资源利用效率,减少或者避免生产、服务和产品使用过程中污染物的产生和排放,以减轻或者消除对人类健康和环境的危害。

　　**　绿色消费即消费的绿色化,是指一种以适度节制消费、避免或减少环境破坏为基本要求的,崇尚自然和保护生态的新型消费行为和过程。绿色消费是对工业文明物质主义和消费主义反思之后的一种新的消费观念,其与人们的生态意识相关。在文明社会里,绿色消费是一种常态化的消费行为。

6. 公众环境认知水平较差

近年来,随着教育水平的提高和普及面的扩大,从宏观理念、环境治理主题到具体而微观的环境保护事件,社会公众对环境治理事业的关心越来越多,范围也越来越广。但是,公众对于环境问题的认识仍然缺乏足够的理性和科学性,即简单地将环境问题等同于环境污染,不能认识到环境治理问题的整体性和社会性,更不能形成真正的社会责任意识。此外,公众对环境问题过于敏感,而对可持续发展模式、自然保护区建设等环境保护举措却较少给予应有的重视。在实践中,各种各样的公众参与的环保活动,多数表现为简单和浅层次的环保小措施或"便捷快餐活动",多集中在节约用水、用电等可获得直接利益的环保活动方面,而另外一些需要有意识学习环保知识或需要花费一定时间的较高层次的环保活动,公众的参与度则较低。

2014年2月20日,环境保护部公布的中国首份《全国生态文明意识调查研究报告》显示:我国公众对生态文明建设"认同度高、知晓度低、践行度不够"的状态十分明显。公众生态文明意识总体呈现出"政府依赖"的特征,被调查者把政府当作生态文明建设的责任主体是最普遍的认知和看法,极少有人把自身作为环境治理的基本主体,环境治理的参与感极度匮乏。

因此,面对环境治理问题,社会公众突出地表现出认知知识的表象化、粗犷化的特征;同时,社会公众对真正有价值的环保活动参与度极差,环保思想和环保行为不相匹配,多数公众一方面批评各种浪费或污染行为,另一方面自身依然以这种方式生活生产。

(二) 现行环境治理制度立法安排不当

1. 执法主体方面存在缺陷

1) 执法主体层级分工不科学

从我国上述多层级行政执法机构的现实执法情况来看,地市级以上的机构本应履行的职能是宏观上的整体指导、政策引导以及各种必要的技术或执法联动力量支持,真正面向具体市场主体的执法行为主要存在于县区级乃至乡镇级,具体执法的任务必须依靠低层级的执法力量。与较高层级的政府相比,县级以下的基层政府环境执法部门具有天然的某些优势,即相对稳定的治理环境,就一个较小区域范围内的环境治理空间而言,其经济发展水平、人类活动方式和自然环境变化一般相差不大。同时,从心理认同角度来看,作为区域内环境公共利益最直接的保护者,公众更愿意听从和接受本地直接执法机构的决定和安排。但是,在现有的职权配置中,大量的审批权乃至处罚权却牢牢地被控制在省级以上的机构中。这种层级的设置使得不了解情况的上级工作人员无法很好地把关,从某种意义上把执法变成了报告执法、文字执法,而事实上了解情况和实际进行调查的下级工作人员由于缺少决定权和执法的责任控制而缺乏执法的积极主动性,只是被动地完成任务。最终,相当一部分执法失去了科学性、及时性和现实性,执法落实的可能性也大大降低,从而增加了腐败和各类交易的机会。

2) 执法机构设置和人员配置不完善

我国现行环境管理机构体系由中央、省(自治区、直辖市)、市、县、乡五级组成,各级环境保护行政主管部门在职能机构的设置上基本相同,但较低一级机构的工作人员数量逐渐减少,其专业能力水平逐渐降低。例如,各省、自治区、直辖市的环境保护行政主管部门在职能机构的设置上基本能与国家的相关机构相对应,但工作人员的数量会有所减少,专业能力水平会有所降低。对地市级环境保护行政主管部门而言,它们没有能力设置部分高科技和新型环保职能机构,典型的如核安全与辐射环境治理,许多地区事实上没有此类机构和队伍。同时,县级环境保护行政主管部门存在问题就更多了,由于其公务员编制人员数量极其有限,多数分工很细、专业要求高的职能机构普遍存在人员不足的问题。事实上,本应承担着最重任务的专门的乡镇级环保机构工作人员基本缺位,工作人员普遍身兼数职(环保、安全、卫生等多职能集于一身),其工作内容也主要是与县、区级行政主管部门进行工作对接,执法工作基本无力进行,必须依靠县、区相关部门的支持。

3) 环境行政执法队伍人员有限、素质不高,总体执法能力不足

目前,我国环境行政执法人员的素质与环境治理外部条件要求存在较大差距,缺乏一定数量的既懂法律又懂科学技术并拥有较高思想素养的环境执法人员。因此,环境行政执法的正常功能无法实现。工作人员少、执法工作任务繁重、专业能力差、执法工作水平欠缺,成为制约基层环保部门正常环境行政执法能力的重要因素。部分执法人员没有接受过专

门的法律教育,缺乏关于环境污染和治理的技术性相关专业经验,对法律规范的理解和运用存在重大缺陷,因此,他们在环境行政执法过程中时常出现对证据认定和收集的合法性、科学性不够,调查处理程序不规范,违法事实与处罚依据不能很好地匹配等问题。这样极易导致被处罚对象和社会公众对执法效果的不服和不良评价。

4) 环保执法投入缺乏强有力的财政支持

目前,环境保护类科目在我国政府预算收支科目中仍然没有获得一定的位置,环保执法投入缺乏强有力的财政支持,在一定意义上不能与经济社会发展水平相适应。同时,受现阶段政绩观及地方人事、财政实际运行状况等具体因素的限制,地方环境执法经费往往存在无法到位的情况。因此,许多基层环保机构的执法职能建设和执法经费支持远远达不到基本的现实需求。

5) 部分基层环境执法主体不适格,缺乏法律依据保障

随着法治社会建设的推进,市场主体的法治意识渐趋提高,对执法不当的法律对抗日益普遍。但环境执法主体在这方面依然处于落后的状况,如现有机构、人员设置的法律地位不明确、力量配备比例失调、实际执法主体不适格现象广泛存在,致使许多执法行为的力度大打折扣,环境执法部门的权威性遭到损害。就我国当前县级乃至地市级的执法大队人员而言,他们多数没有行政编制和相应的执法资格,于是,许多执法工作人员在执法过程中,一方面会遭遇被处罚对象的对抗,另一方面又惮于未来职业前途的不确定性,因此其执法的严格性必然下降。

6) 环保执法主体多元化,职责混乱,执法联动机制运转失灵

我国当前环境污染问题主要存在大气污染、水污染、土壤污染等典型现象,尽管相关法律对上述污染现象设定了处罚措施,但对治理或执法主体的权力授予不明确,造成了执法部门执法困难、争相执法或互相推诿等现实问题。以城市大气污染治理为例,汽车尾气排放实际上已经成为重要的大气污染原因,但是环境保护部门一方面无人力、财力去面对如此庞大的执法对象,另一方面更重要的是其执法工作必须依靠公安交警部门对车辆管理的配合,但交警部门同样也缺乏完整的执法权,因为交警部门对于车辆本身不合格和部分特殊问题同样无法执法。又如,大气污染中

的建筑粉尘治理问题似乎应是环保部门负责,但事实上较多的权力交给了住建部门,而住建部门的目标在于搞好城市建设,这与环保部门的目标并不一致。再如,在水污染治理中,水利河务部门和环保部门权责混乱;在市场准入许可中,产业规划、政府发展计划部门同样与环保部门纠缠不清。最终,这些所谓的环保执法联动机制,若无党政领导班子的统一领导和协调,事实上没有任何存在的意义,只能成为随机性的权力副产品。

2. 环境治理激励不足

环境治理失衡的一个重要的原因就是环境治理绩效考核目标不科学,具体体现在以下三个层面:政府和执法官员激励不足,企业激励不足,社会公众激励不足。

1)政府和执法官员激励不足

污染产生之后,谁来买单?又如何买单?目前,这一问题在实际中存在着三类做法。一是财政买单。环境治理事关全体民众的生存和发展,财政买单在治理行为中既体现为政府的市场干预,也体现为社会的全民参与,是环境治理的最终必然途径之一。二是企业买单。谁污染谁负责,企业买单从根本上符合环境治理的基本原则,是对其社会责任的承担。三是官员买单。尽管官员买单具有一定的间接性,然其体现为环境治理行政主导模式下治理责任的具体化,且直接关联着政府政绩观的标准设定。因此,官员买单事实上是决定治理成败的一个核心因素。

对官员买单来讲,政绩标准至今为止客观上经历了两个阶段的变化。第一个阶段,政府片面地追求发展速度和 GDP 增长,不惜牺牲环境。从很大程度上讲,"政绩观污染"是最大的环境污染。我国当前环境污染的大部分问题实际上都是这一阶段高耗能、高污染、粗放型经济增长发展造成的。环境治理和环境执法部门在政府整个政策配置和权力结构框架中处于完全的弱势地位。第二个阶段,近年来政府在不断反思过程中发现和确立了相对科学的政绩观——将环境指标纳入官员考核制度。* 中共

---

* 2006 年 4 月 11 日,国家环境保护总局的《"十一五"城市环境综合整治定量考核指标实施细则》,将"公众对城市环境保护的满意率"作为城市环境考核的重要指标之一,市长成为城市环境质量第一责任人;2007 年年底国务院发布的《主要污染物总量减排考核办法》又将"一票否决制"和"责任追究制"纳入地方政府政绩考核。

十八届四中全会后,GDP指标的单一评价进一步被弱化,生态农村、生态城市成为时代的主流。但是,官员政绩考核的环境标准仍处于相对笼统和政策倡导的状态下,缺乏具体的、可量化的、易操作的评价标准,环境因素在整体综合评价体系中占比不高。此外,地方政府要想实现经济、政治、文化等诸方面的全面发展,地方经济增长必须得到合理的保护。因此,地方政府为实现政绩的提升和地方GDP的增长,习惯性地以企业利润为重要考虑因素。也就是说,在环境治理的过程中,政府和企业这些核心主体依然停留在"口号环保"的状态。

实际上,当环境因素进入考核体系之后,一种新的环境治理隐患开始出现。由于现代媒体和社会各界对环境事件参与的非理性,环境事件常常演变为社会性事件,进而对官员的政绩和晋升产生直接的威胁。因此,为减少环境事件的社会影响,迅速控制事件的传播和境况恶化,以防上级部门对事件的问责和追责,地方环境治理呈现出"短平快"的特征,进而导致环境治理的盲目扩大化和非理性泛化,造成社会资源的巨大浪费。

相对于企业的逐利本性,政府在环境问题上的责任更加重大。如何更加科学地确立政府的政绩观并调动官员治理环境的积极性,是十分重要的时代使命。此外,这种政绩观不能仅停留于政府整体的标准设计,而应具体到环保执法部门的执法绩效考核,并能很好地区分个人与部门的权责关系、不同执法部门间的协调关系、执法部门和执法对象间的权责分配关系,真正实现权责体系的科学设立和配置。

2)企业激励不足

经济增长与环境治理投资是社会发展必须要考虑的重要问题,众多国家"先发展,后治理"的经济发展模式尽管带来了经济的增长,但也造成了极大的环境破坏。在既有模式没有改变的情况下,税费征收、企业责任、污染许可、环境保险等外部成本内在化的经济手段,对企业来说都是被动和被迫的行为,都与企业本身的逐利本性背道而驰,企业主动参与环境治理的内在激励不足。因此,现代化的环境治理应当努力将经济增长点放置到低碳产业的发展上来,通过提高企业自身的产业回报率来构建企业参与环境治理的激励机制。

3）社会公众激励不足

"谁污染，谁治理"作为一个经济学的投入支出原则具有天然的合理性，但是，面对公共性的环境问题，其局限性是显而易见的。长期以来，社会公众缺乏环境治理的参与意识，认为自己不是环境污染的制造者，环境治理与己无关。因此，在生活污染日益成为重要污染源的今天，政府必须进行广泛的宣传教育，提高社会公众的环境安全意识、治理参与意识，增强社会公众的治理责任感，建立环境治理的社会公众参与激励机制。

3. 环境监管执行不力

法律制度即使很健全很完善，但如果执行不到位的话，那么一切只是虚幻的努力和存在。当前，环境治理效果不佳的又一重要原因就是环境治理的基本主体执法力度不够以及环境监管执行不力。

企业虽然是破坏环境的罪魁祸首，但是企业作为以牟利为唯一目标的市场实体，其存在的基本要义就是以最低成本换取最大利益，而政府对企业市场准入监管不力以及对企业市场运营监管不足、处罚执行不到位才是引发环境污染和生态破坏的关键因素。从一定意义上说，环保监管部门不作为、监管不力以及有关政府部门没有积极、规范地履行环境保护职责，是环境问题产生的重要根源。但是，环境监管执行不力不能简单地界定为政府或机关工作人员的腐败或利益寻租，以监管问责力度不够和对个人追责不够来涵盖环境治理的症结显得过于简单，应进一步探索深层次的、综合性的体制和机制方面的原因。

环保执法过程中十分典型的现象就是"放水养鱼"。所谓"放水养鱼"，是指环保部门在执法过程中必须给予污染企业继续存在和发展的空间，并从企业获取各种费用，以保障自身的运营。现行环境治理的专项经费财政支持缺乏强有力的法律保障，多数环保部门的经费不足，特别是执法压力最大的基层环保部门，其拥有公务员编制、获得财政保障的工作人员数量有限，大多数工作人员都是依靠当地财政的事业编制，其工资福利基本来自环境治理中的各种收费；同时，基层环保部门的部分办公经费同样也要从这些收费中支取。一旦所有的企业排污都合格了，那么环保部门的经费就没有了，这些工作人员将失去工资保障。因此，环保执法部门在努力完成环保任务的同时也允许部分污染企业的继续存在。在这种情况下,"放水养鱼"成为"最优"的一种选择,但这也客观上为腐败等其他违法因素的介入创造了可利用的机会和条件。

此外,环保治理经费不足的另一重要附带问题就是环境治理设施薄弱以及设施运行不足。许多地区根本没有解决污染问题必需的污水处理厂、垃圾处理公司等专业机构,环境治理处于十分乏力的状态。

目前,法律给予环保执法部门执法处罚落实的权力配置和保障机制设置不到位,导致环保部门不具备强有力的决策、执行和控制能力。尽管现行法律意图通过司法执行将环保执法处罚的落实用法治予以保证,但在现实情况中,执法处罚的履行情况基本可以分为两种,一是无异议的完全履行,二是完全拒绝。其中,前者无须司法执行,后者一旦从环保部门交给司法部门后,环保部门完全无法控制后续情况,而且司法执行存在时间长、成本高等情况。在司法执行没有实现的情况下,环保部门一方面无力控制环境违法行为,另一方面却又要承担执法不力的责任。

从执法对象的角度而言,环境治理由于缺乏分类治理的现实策略,致使诸多法律规定成为一纸空文而无法获得落实,这在客观上导致部分企业实际不受限制以及部分企业因受限制过多而影响其发展空间。

在环境治理过程中,国有企业是环保执法中最易进行执法的对象,因为国有企业多为大型企业,它们在大气污染等许多污染控制方面进行了较大的环境治理投资,也得到了国家的政策支持,在环保监管方面实现了联网实时监控和现代化的管理,所以其与当地环保执法部门的沟通相对和谐。同样,民营大企业也易受到环保执法部门的监管,但是由于它们相对缺乏国家的政策支持,其支持环保投资和环保管制的积极性不足,而是较多地谋求公关等各种最低成本的应对策略。同时,由于在改善环保的同时会耗费较大的成本,部分民营企业存在不顾环保违法经营的现象。小型企业是环保执法治理当中的"老大难":严格的环保执法将使其失去生存发展的空间,设备改革和技术革新又是其无法承受之重。因此,它们较多地成为环保部门"放水养鱼"的对象。无法监管的小作坊是环保执法治理的"永恒之痛",其个体性、分散性、高污染、无法控制、偶发性成为环保部门无法解决的问题,环保部门既有的人力、物力乃至法律政策工具都无法实现对其有效的控制。

4. 企业等责任主体参与的积极性不足

由于当前环境治理之惩罚或奖励机制的不科学,上述主体均站在环境治理的对立面。一方面,众多企业主体受到利益驱动而无视法律制度和基本规则的严格法令管制;另一方面,企业违法成本低、守法成本高,是造成环境污染反复反弹、行政执法力量匮乏的重要原因。许多企业为追求高额利润,拒绝利用先进的科学技术和生产模式,甚至将肆意违法排污作为降低企业生产成本的基本措施。现行的法律法规对企业污染的核心处罚措施就是罚款,而且规定的罚款数额、罚款力度以及处罚程序没有考虑建立与企业违法情节、环境危害程度、违法得利状况等违法情形的关联。也就是说,作为主要环境治理措施的罚款责任设定不科学,不能实现既定的制度目标。例如,对于偷排行为,环保部门的行政处罚措施就是罚款,该措施客观上不会造成企业生产经营活动的停止,也不会对企业违法所得造成重大影响。因此,环境污染久治无果,环境行政执法效果欠佳。

同时,我国市场经济处于早期发展阶段,经济结构和经济发展方式依然存在诸多缺陷,市场主体的培育和发展尚未形成相对完善的机制,合乎社会经济良性发展和绿色发展的理性要素较为匮乏,利益(尤其是短期性的急功近利)成为市场主体的基本目标,企业社会责任意识没有成为市场主体的普遍理性追求,企业社会责任的制度激励机制也没有获得有效而充分的发展。因此,市场主体在环境治理体系中一直扮演着被动参与的角色。

5. 民众的环保诉求无法得到维护

现代社会治理的重要支撑是法律,政府意图通过法律的运行实现治理的长远目标。但是,在环境治理执法过程中,"无法""失法"等现象屡见不鲜。[①]

法律的运行是有成本的,当民众的环境权益受到损害时,如何有效、低成本地维护权益是其关心的问题。在我国环境治理体系的构建当中,尽管《侵权行为法》《合同法》《环境保护法》等法律为民众提供了一些相关的权利救济途径,但是,在环境侵权救济的案件中,民众提起诉讼需要付出的成本非常高昂,而得到的权利补偿却很低。因此,许多遭受环境侵权

---

① 费孝通.乡土中国 生育制度[M].北京:北京大学出版社,1998:105.

伤害的民众缺乏积极运用法律武器实现合理环保诉求的动力。

6. 配套制度体系缺乏

以低碳经济模式为导向的环境治理制度本质上应当是一个环境治理体系。该治理体系应当包括财政、税收、信贷等综合性的调控工具以及产权激励制度、科技创新制度、环保监督制度和政绩考评等多元制度的创新,而绝非单一的、简单的环境行为。我国环境治理制度除了上述内在的制度构建和运行问题,在制度体系的建设上还存在配套制度体系匮乏、战略战术单一的问题。

市场经济的发展客观上需要外部宏观调控政策的协调和引导。目前,财政资金只有少数是用于发展低碳经济类别的项目,并且资金使用效率较低,财政支出项目的确定和实施方面缺乏系统和全面的监督。为实现低碳经济的升级发展和夯实环境治理的基础,我国必须依据国民经济社会发展的实际情况,创新政府财政支出分配制度,将发展低碳经济作为专门科目纳入国家预算,推进实施国家碳预算财政支持制度,减免引进低碳经济项目的企业税负,通过科学发展、建设新型的资源税改革制度激励更多企业进军低碳经济行业,以经济利益的手段调节能源的消耗。

产权界定是经济发展目标的先决条件,是市场经济效率价值实现的前提。由于环境资源的流动性、不确定性和易受不特定主体侵犯等现实特点,环境产权的界定以及环境产权纠纷的解决面临众多困境,从而导致环境产权问题成为我国环境污染治理难的基本因素。同时,环境产权制度建设也成为影响国家社会环境事务治理科学化、高效化的基本要素。为使环境产权制度真正发挥重要的经济激励效应,我国必须建立健全环境资源的有偿使用机制、环境资源交易制度、环境管理信息公开制度、环境责任保险制度以及绿色信贷制度等市场发展体系,注重利益引导机制,激励市场主体将环境治理作为生产过程中的重要因素计入企业发展成本,推进企业积极、主动地利用最新的低碳生产方法和技术。

此外,环境治理还必须关注对环保执法主体的制度激励,不能一味地以责任模式进行驱动。因为制度的实现必须依靠执行者的贯彻和落实,所以执行者的内在激励问题同样是政府治理的重要因素。绿色 GDP 政绩考评制度体系的建设,将有效实现个人激励和环境治理目标的一致性,进而推动制度的完全实现以及制度的不断创新。

环境治理体系的完善必须依靠居民社会保障体系的建设,但是淘汰落后产能和粗放型生产企业势必导致失业问题,因此,我国居民的社会保障体系建设必将成为环境治理体系完善的依凭。

7. 环境治理区域间不平衡、不协调

当前我国环境治理存在着区域不平衡问题,这种不平衡包括城乡不平衡、发达地区与不发达地区不平衡、产业结构不平衡、企业科技生产和转换能力不平衡等。

环境治理不协调现象的根源实际来自行政区划对客观存在的区域环境的人为分割。在市场经济改革中,区域财政的相对独立性实际构成了围绕资源控制和利益分配的持续性争夺,这种争夺形成了立足于行政区划、地方财政等经济逻辑的府际竞争。各行政区域特别是经济落后区域,为获得企业的入住和经济、税收的增长,无底线地降低企业进入的环境保护门槛,对不同行业企业实施双重环境保护标准。此外,行政边界地带的资源滥采和随意污染造成了上游区域随意污染获取经济利益、下游区域支付治理成本及吞噬环境苦果的恶性竞争。

(三)现行环境治理制度创新途径缺乏

环境治理体系的建设和社会经济的发展必然依托和受制于现实而具体的制度框架。环境资源自身具有的公共属性特征以及环境资源利用管理的"外部效应"决定了市场机制对环境资源的配置作用相对有限,"市场失灵"现象必然产生。因此,国家干预,即政府通过有效的制度创设和制度供给为环境资源治理降低交易成本势所必然,政府如何引导市场机制介入制度创新成为重要命题。

1. 政府内部创新动力不足

伴随社会经济改革的深化,我国社会经济治理体制机制同样发生了深刻的变化。但是,现阶段的体制机制仍存有多种障碍,如中央地方权责体系不匹配、法治化程度相对较低等,导致宏观政策和制度的理念与实践相分离、环保立法和执法相分离、执法部门间缺乏协调和目标的一致性、执法部门相对弱势以及执法组织建设丧失活力等问题。

创新的源泉和动力来自实践、来自基层,但现有基层环保部门力量薄

弱,工作人员的工资、福利待遇、绩效考核和晋升等相对保持在较低水平,工作人员主动工作的积极性较差。此外,由于缺乏人才储备和发展的良性机制,高级人才游离于政府环保部门之外,专业人员的数量和职业稳定性不能得到保证。

2. 缺乏社会参与

环境保护法的实施以及环境保护、生态建设的良好实现除了依靠政府部门行政执法,不能忽视的更为重要的因素就是发动和依靠群众。这既是党的群众工作路线的体现,也是现代国家和社会治理的基本要求。《环境保护法》规定:"一切单位和个人都有保护环境的义务,并有权对污染和破坏环境的单位和个人进行检举和控告。"这是对公众参与环境保护最重要的一个法律表达形式,是对公众参与权利的规范设定。

公民环境参与权法治化的过程,不仅是公民环境权益实现的具体途径,更是国家环境治理趋向善治的必然。环境治理的社会参与应该是多层次、多维度的参与,包括对环境立法、环境行政决策和环境执法不同过程的参与,其实现需要从国家制度层面予以支持。但是,上述各种制度建设及其运行目前仍然处于形式化和理论化的状态,我国尚未建立有效的多元主体环境治理参与机制。

现有的关于公众参与环境保护的规定,从参与的过程来看,主要存在以下不足:侧重于事后的监督,即局限于环境损害之后的参与,且形式单一;政府责任的界定不明确,公众参与义务过多,缺乏操作的灵活性;对参与的主体范围、参与的形式、参与的效果监督和评估等方面缺乏规定;公众参与的法律实施状况也不能具体进入环境管理的过程;在环境纠纷冲突事件发生和处理过程中,缺乏理性和有序的规制。目前,重大环境事件的处理状况体现出的公众参与最终形态多是非正常的群体性对抗事件,而这种事件的发生客观上将进一步加剧政府对民众合法理性参与治理的不信任,破坏了国家和社会之间良好的沟通和互助渠道。

3. 市场力量闲置或受到限制

政府在环境治理当中包揽一切,一方面增加了公共财政运作的成本,另一方面也使得诸多能够参与环境治理的市场力量闲置或被限制,从而造成环境治理投资总量严重不足。

近年来,伴随低碳经济、绿色经济、循环经济理念的提出,传统产业转型升级过程中产生和出现了许多创新思维,生态环境治理技术和相关产业获得了快速发展。但同时,上述产业尚未形成开放、统一的市场,许多新型的、具有较高科技含量的治理技术和服务存在投资大、运转周期长、获利慢、市场需求有限的问题,极大地抑制了生态环境治理产业的发展,使市场力量无法得到释放。因此,政府应采用先进的生态环境技术和设施,在一体化发展中注重突破行政壁垒,开放生态环境治理技术产业市场,创造优质高效的竞争市场环境,充分建立能够调动市场力量参与环境治理的机制,引导社会资本参与环境治理,使之成为新型经济发展的核心环节。

4. 环境治理对外沟通和学习机制欠缺

低碳经济的发展是全球、全人类共同的事业,国际交流与合作是低碳经济转型过程中的重要促进因素。因此,环境治理必须实现超越主权国家区域的官方或非官方合作,打破低碳经济模式下的技术转让壁垒和贸易壁垒;同时,应积极推进建设环保执法队伍的知识学习和更新机制,不断引入新的治理理念和治理技术。

我国环境治理的体制机制决定了现行环境治理对外沟通和学习机制长期处于较低的水平。作为一个地理大国,我国现有的环境执法部门是以行政区划为基础单位构成的,具有多层级、条块分割的特征,而且经济发展、污染流动、利益寻租等因素的介入使得环境执法部门连带进入区域的经济发展竞争之中,这就造成了各区域环境执法部门之间交流学习少、利益竞争多的局面。现有的国家、省部级等高层级的环境培训和教育覆盖面相对狭窄,远远不能满足基层环境执法部门工作的需求,而且国际的交流则更少。这一方面是由于国际交流主要停留在国家或省部级层面,另一方面是由于环境问题作为发展中国家的"硬伤"极易受到西方国家的攻击。

二、低碳发展下我国环境治理的现实要求

低碳经济是针对过去高消耗、高增长、以 GDP 为中心的经济发展模式而言的,现已成为全球经济发展中最大的共同话题。

事实上,从2003年英国政府文件中首次出现"低碳经济"一词到2009年联合国世界气候大会开始强调低碳发展,再到我国多年来持续性地对低碳经济发展理念的关注和推进,人们逐渐认识到低碳发展不是简单的碳排放量的降低,而是涉及产业调整、技术变革、生活方式和文化观念转变的社会经济发展模式的综合性全新改变。

伴随着低碳经济在世界范围内共时性的形成和确立,许多国家将之作为自身战略和经济发展的目标模式。在这一目标设定的要求下,政府必须全面实现经济社会治理模式的低碳化,注重生态平衡和和谐发展,减少经济活动对外部环境的破坏,确保生态效益与经济社会效益的最大化。

低碳经济发展时代的环境治理目标、发展策略、发展途径都将发生巨大变化,具体体现在以下几个方面。

(一) 环境治理对象、功能的变化

1. 治理对象变迁

我国的市场经济已经经历了数十年的发展,既取得了巨大的成就,也付出了一定的代价。低碳经济是未来我国经济发展的方向,在实现低碳经济过程中,我们首要面对的经济变化就是经济结构的整体性调整。

我国经济结构的调整包含两个调整方向,即产业结构调整和区域结构调整。产业结构调整是将原有的低技术、高能耗、低附加值的行业转为高技术、低能耗、高附加值的行业。区域结构调整是指协调区域发展的不平衡,实现东西部区域间的协调、沿海和内陆区域间的协调、不同类型工业基地区域间的协调等。

上述经济结构调整的结果必然是环境治理对象的变化,而环境治理对象又和环境监测对象直接相关。环境监测的对象通常包括污染源和环境状况两个方面。污染源一般包括如下几种:①工业污染源(主要监测对象),包括烟尘、工业废气、工业废水、工业废渣、工业粉尘、噪声、振动等;②交通污染源;③农业污染源;④医院污染源;⑤城市污染源;⑥污水灌溉污染源。环境状况一般包括如下几方面:①水体,包括地面水(江、河、湖、水库、灌渠等)、地下水和海洋水等;②大气;③噪声;④土壤;⑤作物;⑥水产品;⑦畜产品;⑧放射性物质;⑨电磁波;⑩地面下沉。过去,环境监测或治理的对象主要是已经造成和产生污染的高能耗、高污染行业企业,而低碳经济带来的产业结构和区域结构调整,再加之核污染、生活垃圾污染、尾气排放等新型污染现象的产生,必然导致治理对象的变化和治理重点的变化。因此,上述具体污染源类别、环境状况类型在总体治理对象中的占比也会发生变化。

从环境治理对象上来讲,对结果的治理必将被对过程的控制代替,对错误的惩罚和纠正必将被预防和避免代替,治理对象将更加综合化和复合化,环境经济规制和环境社会规制的综合运用日趋重要。具体来说,环境治理的经济规制是指为防止环境治理资源配置的低效率和确保需要者的公平,在遵循环境治理规律和经济发展规律前提下,通过许可和认证等政策手段,对企业设置良好的进入、退出机制,调控环境治理产品及服务的价格、数量和质量,以市场供求规律引导环境治理资源配置。环境治理的社会规制是指以保障劳动者和消费者为目的,综合运用社会制度、社会交往活动的各种社会性行为和手段对环境治理产品及服务予以约束、规范,对环境治理的各种文化价值观念予以引导。前者主要指环境治理中的各种市场经济行为,后者则主要指环境治理中除市场经济行为之外的各种其他社会行为。

2. 环境治理的预防性、前置性功能增强

基于上述治理对象综合化和复合化的变迁,环境治理的理念和功能也将随之发生重大变化。

过去,环境治理注重对污染结果的控制和惩罚,以罚代管,甚至通过永久性取消相关污染企业的办法实现环境治理。但这样做的结果,一方面造成了经济投资等社会资源的极大浪费,另一方面也造成了政府审批许可行为和关停处罚行为的冲突,使政府在市场主体面前丧失权威,并造成了社会就业等其他矛盾。

低碳经济要求政府在追求经济效益的同时必须重视生态效益,将低碳理念融入社会公共事务治理体系建设中,以低碳理念应对经济发展的各种新变化;环境治理功能逐步实现预防为主、惩罚为辅以及源头控制、合理布局的综合性、复合性态势。这种预防和源头控制将最终形成产业布局、科技投入、新能源创新等立体化的治理结构。环保执法部门既是环保执法的负责者,更是环保经济的现实推动者,应积极参与国家和社会经济发展的总体性布局和战略发展规划,使环境治理融入经济规划、科技创新和人文教育,切实发挥市场配置和宏观调控相结合的作用。

3. 环境治理生活化和常态化

"低碳"不仅是一种经济发展方式和一种生产方式,更是一种消费方式和一种生活方式。低碳生活方式要求戒除以高耗能为代价的便利消费、面子消费、奢侈消费等不良消费习惯,全面加强以低碳饮食为主导的科学膳食平衡,扩充个体和社会的日常生活环境、卫生环境等治理内容。

低碳时代的环境治理必须是生活化和常态化的治理。长期以来,我国环境治理围绕着重点污染企业进行污染控制治理,治理策略也往往是把环境综合整治工作当作突击式、应付式工作,"整治一阵风,过后就放松",城市市容环境卫生、农村环境卫生等成为环境治理当中的薄弱环节,一些新型污染源头成为治理的重大难题。因此,新时期的环境治理必须从执法群体和守法群体的思想意识、宣传教育、基础设施建设以及治理市场力量配置等出发,多方面、全视角地进行长效机制的建立,确保环境治理的生活化和常态化。

(二)环境治理体制的变迁

我国著名经济学家吴敬琏指出,发展低碳经济的核心是推进节能减排。这看似简单易行,但在实际操作中却极为复杂。节能减排涉及整个社会,不仅包括能源的生产和消费,还包括各种能源、各种技术的比较;不仅要关注碳排放量的降低,还要比较应用降低碳排放的相关技术时注入的成本;不仅要考虑短期利益,还要兼顾长期效益。要发挥国家在发展低碳经济中的作用,一是要进行顶层规划设计,二是要从国家层面制定发展低碳经济的规范。

1. 政府环境治理职能重点的转移

低碳经济是一种将全民、全社会和国家、政府连接为一体的社会经济发展模式,这样一种系统化的以国家和社会互动为现实基础的现代化潮流,对于正处于社会经济转型期的中国而言,低碳经济提出的最主要的挑战不是技术上的挑战,也不是经济上的挑战,而是政治体制运作机制的深刻变化带来的挑战。吉登斯称这种变化为政治敛合和经济敛合。所谓政治敛合,是指政治政策以一种积极的方式和其他价值观融合在一起;而经济敛合是指为抗击全球变暖而推进的经济和技术创新,以及在某种程度上为那些采用这些创新的人打造竞争的优势。环境治理中的经济敛合关注的主要是政府通过气候政策与经济政策间的敛合,引导社会通过研发和推广低碳高效技术及转变生活方式获得经济上的竞争优势,从而消解或减缓碳排放的阻力。也就是说,在低碳经济时代下,我国政府环境治理的目标取向必须具有政治和经济的敛合性,即环境治理创新应以实现多重目标为取向,努力把环境治理创新的成本收益取向、市场取向和顾客取向融为一体。

目前,在发展低碳经济的实践中,政府管理边界不清、公共服务职能薄弱、地方分治和部门职能分割现象突出等关于政府角色定位与职能的问题比较多,损害了低碳治理效率。因此,低碳经济社会必须厘正和调整政府职能的角色定位,在合理确定政府与市场、国家与社会边界的前提下,将政府的基本职能定位为规划、组织、协调与控制,促进政府扮演好引导者、责任者、技术革新支持者等多重角色,必须重构政府职能,把政府职能的重点真正转移到宏观调节、市场监管和公共服务方面。

2. 政府环境治理能力的现代化

低碳经济时代的核心是技术创新、制度创新和观念创新。低碳经济的基本要求是实现从以前主要依靠物质资源的增长模式向"人才＋资本"的发展方式的转变,走符合科学发展观要求的可持续发展之路,真正促进政府环境治理能力的全面现代化。

环境治理能力的现代化具体体现在如下几个方面。

(1) 环境治理基础的技术化。造成我国环境污染的因素有很多,如制度缺陷、管理不规范等,但最重要的一条是十几年来我国将污染控制的重点放在末端治理上而忽视了源头削减和污染预防,而实现源头削减和污染预防的关键在于环境治理技术创新的程度。因此,我国政府必须加强低碳技术的自主创新能力,积极引进新型能源、节能环保材料、环保生产设备以及相关研发技术。

(2) 环境治理质量评价的标准化。环境治理评价必须建立相对统一和稳定的全国性和区域性标准,对排污企业的监督管理和惩罚按照一个标准、一个方法、一套程序进行评价和改进,避免差异化监管和处罚带来的不平等问题,以技术策略推进规则遵循的自觉性提升。

（3）环境治理执法体系的信息化。环境治理执法体系建设层次应当实现全面提高,通过硬件基础设施、人才队伍、执法方法和技术等全方位建设,形成执法体系信息公开、执法主体联动一体化、执法主体和执法对象互动协调化的整体运行机制。

3. 环境治理权责配置法治化和合理化

法治化是国家和社会治理体系构成的基本方略,法律是现代治理（特别是环境治理）的基本手段,以法治确定和配置环境治理参与各方的权利、义务和责任,避免管理的滞后、随机和盲目,将是低碳经济时代的基本选择。

环境法治首先是环境立法。低碳经济时代是人人参与、社会生活全面低碳化的时代,环境保护作为重大的民生工程和低碳经济的首要要求,国家更应对其开门立法,对与群众密切相关的环境保护地方性法规的制定和起草方式进行改革,改变现有的立法模式,完善和健全立法机关主导、社会多元主体有序参与的立法模式。面对环保法律法规"空心化"和虚化运行的实际状态,2014年4月24日,新修订的《环境保护法》经十二届全国人民代表大会常务委员会第八次会议以绝对高票审议通过,并于2015年1月1日起施行。新修订的《环境保护法》实际上起到了环境领域基本法的作用,引进了生态文明理念,在总则中将"推进生态文明建设、促进经济社会可持续发展"列入立法目的,将"保护环境"确立为国家的基本国策,确定每年的6月5日为环境日,首次将"保护优先"列为环保工作的第一基本原则,同时明确提出要促进人与自然和谐发展,突出强调经济社会发展要与环境保护相协调。此外,环境法治还必须坚持以下三个原则。一是人民主体原则。中共第十八届中央委员会第四次全体会议明确了人民的生态环境法治主体地位,突出了人民的主体地位,对于充分调动人民群众的积极性、主动性和创造性,参与环境保护,具有重要意义。二是环境正义原则。环境法治客观上要求全社会构建一个合法、合理、独立、具有道德支撑的正义环境,非正义的环境治理手段必须受到社会整体的道德谴责和责任追究。三是环境民主原则。环境问题本质上属于关涉全体人类切身利益的公共物品,环境民主直接体现和表达的是人类对自我利益的重视和与政府国家利益协调的一致性。

综上,环境法治的持续推进和深度发展,必然以我国环境保护法作为基本的制度框架和载体,通过政府执法部门权责的进一步明晰,将国家、非政府组织、公民个人等多元主体的环境治理地位予以制度确认,促进环境法的基本职能在市场经济条件下完成由末端控制、个别化救济向源头控制、社会化救济的转型。针对环境资源案件具有公益性、复合型、专业性、恢复性、职权性的特点,深入完善司法体制,加强环境资源审判机构的设置,使其与环境资源案件的跨区域管辖相协调,确定和推进环境公益诉讼制度的落实,构建中国特色的多元主体参与、多种制度安排相结合的现代环境治理法律模式。

(三)环境治理文化的发展

1. 公民环境权利意识培育

第二次世界大战以来,环境污染现象日渐普遍和严重,环境问题成为影响人类生存和社会经济发展的重要因素,寻求和构造保护、管理环境的理论依据和法律依据成为人类的重要选择。

20世纪70年代初,国际法学者雷诺·卡辛在向海牙国际法研究院提交的报告中指出,应将现有的人权原则予以扩大,健康和优雅的环境权、免受污染的权利等应被列为人权的内容。1970年3月,国际社会科学评议会发表的《东京宣言》倡导"将不受侵害的环境权利作为一种基本人权,在法律体系中确定下来"。1971年,"个人在洁净的空气中生存的权利"作为一项正式的主题在欧洲人权会议上获得讨论。1972年,《人类环境宣言》明确而正式地向全世界宣告了个人享有发展和改善生活环境的权利。1973年,欧洲环境部长会议通过的《欧洲自然资源人权草案》将环境权确认为一项新的人权。

进入21世纪以后,人类社会的经济水平得到了提高,人们对生活环境越来越重视,同时,普通公众对保证和改善环境权利的认识和期待也越来越高。

2. 企业环境社会责任伦理构建

企业与社会间存在着不可分离的关系,社会是企业获取利益的来源,为企业发展提供良好的生存环境;而企业若想获得长期发展,必须符合社会发展规律,即企业应随着社会的改变而改变,多为社会做贡献。

低碳经济既是一种可持续发展理念下的经济发展方式和生产方式,更是一种全新的节约型、健康型生活方式。因此,低碳经济必然引发政府、社会、市场对产品和服务需求的转变。在这个意义上,决定企业成败的利益相关方既包括生产主体、管理主体、商业流通主体和普通的消费主体,又包括外部自然环境等受到生产和经营活动直接或间接影响的客体。

企业社会责任的确立和发展契合了众多利益相关方的公共性、共同性需求,符合低碳经济发展模式的必然规律。此外,企业履行社会责任是低碳经济的内在要求。随着低碳意识的逐渐普及,社会大众对企业的要求将会越来越高,经济利润已不再是投资者进行决策的关键性因素。企业社会责任既是企业竞争力中不可忽视的因素,也是低碳经济社会的向心力。因此,企业社会责任伦理体系的构建必然成为低碳社会文化构建的重要环节。

3. 社会公共精神养成

低碳经济的发展使社会群体形成了一种新型的意识范畴——碳道德,并通过生产领域的革命性变革引发了社会生活领域整体性公共精神的变革,有力地构筑了现代国家社会治理的文化软实力。作为主观的社会意识范畴,所谓碳道德,即在低碳经济发展模式下形成的、调整人与社会及人与生态环境资源之间相互关系的行为规范和准则。低碳经济生产方式所决定的碳道德,本质上是一种精神生产力。碳道德强调低排放、低污染及低消耗,大力倡导社会节约,是对中国传统社会节俭朴素生活价值精神的重构。碳道德的具体要求表现在劳动工具的选择和使用方式、劳动对象的利用和开发、劳动关系的组织以及劳动文化的素养上。[①]

在环境资源逐渐被损耗的时代,低碳消费方式显然是提高生活质量的最优选择。低碳消费方式强调,面对资源与环境的双重约束,应该把有

---

① 吴江华,林茂申."碳道德"之为生产力与社会资本初探——基于低碳经济的视角分析[J].上海金融学院学报,2010(3):90-93.

限的资源用于满足人们的基本需要，人与自然、社会等生态环境应和谐共生，共同发展。在物质生活极大丰富的现代社会，低碳消费倡导的节约不再是物质产品匮乏条件下的无奈选择，而是对人类生存与发展新方式的肯定，是现代文明进步的真正表现。因此，低碳消费倡导的节约型社会实际上不仅涵盖消费环节，更关涉生产、交换、流通等全部经济运行环节。节约型社会在政治层面上要解决国家社会治理理念的确定、治理体制的构建以及规范制度的具体设计等问题，在经济层面上要解决产业布局规划和科技创新等生产力的提升问题，在社会层面上要切实实现社会管理的节约化，从而在不断提升人民物质文化生活水平的前提下有力地推动经济、政治、生态、文化文明程度的持续上升。

因此，生产力和文化价值的低碳治理模式是对国家和社会、组织、公民个体全部主体协同参与生产、消费等全部社会生活的统一要求和精神型构。低碳模式下的国家和社会治理结构通过维护和促进个人与个人之间、个人与团体之间的有效合作与合理竞争，满足了人们的正当需要，实现了公共利益的最大化，从而在最大程度上有力地推动了社会主体的社会认同感和价值行为趋同，这正是现代社会治理结构中最重要的意识因素——公共精神。*

（四）环境治理模式的变化

环境治理模式的选择不是社会主观价值的偏好，而是经济社会客观要素的体现。环境污染问题一方面受到大气、水域等自然现象随机运动特征的制约，另一方面也受到环境污染转移或环境殖民侵略等经济流动性特征的制约。因此，环境污染的治理对象、治理事件的跨区域、跨国界现象日趋普遍，属地管理、部门管理和末端管理等传统经济发展模式下的政府治理方式越来越不适应低碳时代经济社会发展之需求，国家、政府必须遵循客观规律对社会和环境关系的要求，将低碳理念、低碳行为规则、低碳文化纳入新的管理体系。这就是环境治理的一体化模式，它事实上包含两方面的含义：一是主权国家范围内环境治理的一体化，二是全球环

---

* 公共精神是指人们关心和促进公共利益的意识和行为，其核心价值是政治平等，即社会共同体的所有成员都拥有平等的权利，承担平等的义务。社会共同体的连接纽带是互惠与合作的横向关系，而不是权威与依附的垂直关系。

境治理的一体化。具体来说,我国环境治理方式应当实现从简单化的属地管理到区域间的协商治理和共同治理,从部门单一线性管理到多组织联动综合治理,从末端治理到源头治理和系统治理的转变;环境整治应当与城市改造和经济社会发展相结合,形成环境治理体系化。环境制度规范应坚持权利义务一致性原则,依靠法治力量构建符合经济发展实际和社会需求的治理规则,统一环境标准和环境保护补偿措施,实施区域总量控制制度,注重利益分配的导向作用,合理配置国家政府、市场主体和普通公民的权责,避免出现"我保护,你污染"以及"污染者不负责或少负责"的困局;坚持以人为本,充分考虑群众的就业和生活,依据客观规律科学处理"堵"与"疏"的关系。

全球环境治理的一体化是指为应对环境问题的弥散性、超国界性以及"环境侵略"或"环境殖民主义"对国家主权的侵害,国际社会以全球视野认识、考察社会生活和历史现象,强调人们要不断增强全球意识,把环境问题作为一个全球性问题去认识、理解并实施治理。

(五) 环境治理的市场化与社会化

1. 环境治理的市场化

环境资源和环境治理利益基于其自然性和公共性,它们的产权归属及其利用具有天然的模糊性,同时,环境治理又有着明显的外部性,诸多的社会主体具有"免费搭便车"的经济人思维。因此,构建完善的环境资源产权归属及其利用机制以及运用市场工具调节环境治理的整体安排,将是低碳时代的又一重要趋势。

20世纪以来,环境污染的负外部性问题产生的后果使人们日益发现,资源过度利用和生态环境持续恶化的根本原因不在于"市场失灵",而是人们在治理环境、资源等问题中产生的"制度失灵"。此种"制度失灵"进一步导致和引起了环境资源使用的"市场失灵"和"政府失灵"。[①] 科斯定理为市场外部性问题的解决提供了系统而科学的方法论,即在交易成本费用为零的理想状态下,无论权力的初始配置是何种情况,当事人各方之间的谈判或市场交易都将会带来较好的资源配置和经济发展的高效率,

---

① 王育宝,李国平.环境治理的经济学分析[J].江西财经大学学报,2003(6):27-31.

并最终带来财富的最大化。因此,环境治理目标的真正实现必须综合运用政府权力干预和市场激励等综合手段,将权力运作建立在依靠经济规律进行市场化治理的基础之上。

以经济手段保护环境,存在着多层次、多领域的需求,如环境资源的有偿使用和市场定价、环境税费政策和环境公益项目投资等,但其最关键、最核心的仍是环境资源产权制度的合理化设定,因为社会力量参与环境治理主要是基于权力和收益相结合的动力机制而自愿行动的,即环境权益才是社会力量参与环境治理的根本原因。

现有的以所有权为中心的财产权规范体系与当前环境治理和保护措施不相符合。在传统的所有权理论中,客体要素以是否被人力支配、控制为衡量标准,而空气、水体等生态环境要素不能被人力所直接支配和控制,因而无法受到现有规范之制约,公民对生态环境要素的权利要求也无法正常获得实体意义的依据。因此,改变以财产所有权为中心的立法模式是环境治理制度建设的重要目标。同时,积极以制度设计扩展环境监督权、环境知情权、环境索赔权、环境议政权等社会环境权益,并以上述权益为基础构建完善的环境建设交易市场,将成为环境治理的必然选择。

此外,低碳发展模式所要求的环境治理的市场化,还应包括政府治理的市场机制引入,激励社会资本投入生态环境保护建设,通过委托治理服务等多种方式积极引入环境治理第三方参与的政府购买机制,实现环境治理体系的产业化和专业化。

2. 环境治理的社会化

低碳时代,全民关注低碳、关注生态、关注环境。环境治理的外部环境不再是单一的管理者和被管理者的对立和分歧,而是复杂的多种利益主体和非利益主体的参与,甚至还有众多信息缺乏、盲目从众者的介入。因此,环境治理的外部环境问题将更加复杂化和社会化,呈现出多变、突发、杂乱、不可控、公共性等理性、非理性相互交织的特点。例如,环境治理参与主体草根化、无中心化,缺乏标准化和组织性,缺乏科学化理念的统一导向;环境污染制造者更为隐蔽、更加分散,并产生了一些新型的污染;遭受环境污染侵权受害群体过度弱势,缺乏合理的沟通和维权渠道,负面情绪集中宣泄导致不可控和相对多发的状况。

环境纠纷事件突发多变、非理性,容易脱离法治轨道。一个看似孤立的事件在遭遇意外的其他因素时容易发生变化,甚至在短时间内转换为社会性事件,产生脱序的后果。此外,社会需求与治理效果间呈现出较复杂的不匹配和不平衡状态,形成了环境治理领域多元化的利益格局。因此,传统上由政府主导一切的环境治理模式已经不适应当前低碳经济发展和公民社会的现实需求,国家、市场和公民等低碳治理主体之间的关系必须重新整合,政府所代表的集体理性与市场所代表的个人理性将被赋予新的理解和阐释。①

伴随公民自主性意识的提升和社会自治性组织的迅速发展,公共权力运行的社会基础发生了根本性转变,公共权力的拥有者和使用者不再仅仅是政府,多样化的社会自治性组织和普通个体均获得了参与的机会,公共权力运行的传统垂直型治理结构被打破,互惠与合作的治理模式正在形成。

在传统认知基础上,社会自治一般是指社会在不受国家干涉的领域(如经济领域、社区事务领域等)实现自我治理。这实质上是将国家和社会予以割裂或对立。马克思主义国家和社会理论认为,国家和社会无论在起源、发展还是未来的历史命运上,本质上两者都是对立、统一的关系,其中,公共性、人类主体性的实现是其统一的基础。社会理想秩序的构建不可能完全依赖纯粹的制度权威来保障,从根本上来说,还需要社会构成中的全部主体(即人和社会组织)对其的认同和参与。这种作为治理主体的积极参与是理想秩序实现的最可靠的动力源泉,是一切创新的可能性基点。因此,社会治理与社会自治这两个系统之间理应构建畅通的沟通反馈机制,以实现两者的相互作用、彼此影响。或者说,公共利益和个体权利之间必须形成耦合和沟通的合理机制与途径。这种耦合和沟通不是多数与少数的和解,也不是政府或民众的妥协,而是全体人类的内在和谐。

综上,环境问题本质上是一种社会负担,不可能通过市场机制和经济规律自发地解决,无论是传统的公法还是传统的私法,对环境问题的良好治理都必然是政府与社会互动以及社会公众广泛参与的结果,而环境协

---

① 郑振宇.论低碳经济时代的政府管理创新[J].未来与发展:2011(9):28-102.

商民主机制则是公众参与的法律调整。环境协商民主是平等的环境利益多元协商主体基于个人的环境利益偏好,在一定的程序下经过充分的平等讨论和协商,对环境公共利益分配达成一种理性的、共识的动态公共治理过程。环境协商民主机制的特征在于它是为达成环境公共利益共识而设计、运行的一套机制,即环境协商民主机制不仅要保证各利益主体能平等地参与到协商中,而且要保证协商的目的是达成共识。也就是说,只有经过协商的共识才可能得到尊重和认可,才具有合法性。

因此,低碳经济所要求的环境治理社会化实质上是环境治理的全民化以及环境治理过程中人与自然的同构、人类自身的同构。

第四章 环境治理模式创新——7S 模型的优势与问题分析

一、7S 模型与环境治理的对应性

发端于企业管理的 7S 模型主张企业治理必须要综合考虑关乎企业发展的 7 种因素,即战略(strategy)、结构(structure)、制度(system)、风格(style)、人员(staff)、技术(skill)和共同理念(shared value),即只有在这 7 种软、硬件要素很好地协调的情况下,企业才能获得发展、成功。7S 模型从宏观的战略、理念到微观的人员、技术,全面构列了企业成功治理的 7 个要素,并强调了各要素之间的整体联系和统筹安排。该模型契合了低碳发展作为系统工程的内在要求,从国家全局视角对社会经济发展进行了整体安排,为低碳发展下的环境治理研究提供了具体的、可操作的实施模式。

(一)7S 模型的软件、硬件要素及适应性分析

作为现代企业管理理论创新模式的 7S 模型,其模型构造的历史发展逻辑契合现代治理理论的基本特性,具有分析具体治理制度结构的普适性。

管理理论是在漫长的人类发展史上基于社会变迁需求自然衍生的成果,人类早期的管理行为多产生于生产和军事行动之中。一场稍具规模的生产或军事行动涉及很多环节,需要多方面的配合,需要详细的计划和周密的部署,必然涉及一系列管理行为,因此诞生了较早涉及管理文化的论述和观点。例如,《孙子兵法》就被奉为管理学的重要思想来源。但是,最初呈现的没有系统的管理思维或理论只是散见于生产组织、国家社会统治过程中的具体应对策略,而且这个过程时间较长,是管理思想发展的

第一阶段,即以"工具人"假设为基础的经验管理。此时,生产的社会化程度不高,管理范围往往只限于家庭或手工业作坊。与之相适应,这一时期形成了基于"工具人"假设至上的管理模式,这种管理模式主要用暴力取得绝对集权,组织结构简单,以维护自身权威与地位的稳定为管理的首要目标。

现代管理以科学性为第一个认知特征。"经济人"假设起源于享乐主义哲学和劳动分工的经济理论,认为人的一切行为都是基于最大限度地满足自己的私利,其工作动机就是为了获得经济报酬。这一假设的提出,事实上构成了科学管理的逻辑基础。泰罗认为,利益驱动是提高生产效率的主要途径,科学管理不是单凭经验办事,而是在利益驱动下,通过加强劳动力成本控制,以最大限度的产出取代有限的产出,让每个人都发挥最大的工作效率,获得最大的成功。同一时期,以法约尔、韦伯等人为代表的组织管理学派则对计划、组织、指挥、协调、控制等管理过程、职能以及管理的组织类型进行了思考,但其理论基础都是"经济人"假设。

1933年,人际关系学家埃尔顿·梅奥根据霍桑实验的结果在其发表的《工业文明的人类问题》一书中提出了"社会人"(又称"社交人")的概念。随后,与行为科学的发展相关联,美国心理学家马斯洛提出了人的需要层次理论,指出自我实现是人的最高需求,从而使管理理论越发关注人的综合需求,特别是基本问题解决之后的较高的自我实现的需求。实际上,这同政治哲学领域所主张的主体自觉性、公民社会相对于国家权力体系的独立性判断一脉相承,并在彼此的领域内互相促进。基于此,管理理论的人性化倾向开始凸显并日益成为主流,这为人际关系管理学、组织管理学和社会系统学的发展提供了最佳机遇。

20世纪以来,社会的经济、政治、文化状况发生了重大的转变,人们的生产、生活、交往和思维方式也在持续地发生变革,"市场失灵"和"政府失灵"等问题都受到了管理理论的重视,并且非理性主义、现代性知识和后现代对主体的反思等各种观念、认识也为管理理论的创新提供了强大的动力。事实上,管理理论产生了自上而下的革命性、跨越性转变,公共管理理论的兴起也正是上述综合变化的结果。

当管理的公共性问题获得共识之后,一种更为现代化、科学化、系统化的管理理论得以产生,即融合法治理论的现代社会治理理论。治理,或称社会治理,是从西方引入的概念,是当前社会管理理论和实践的发展方向和现实要求。社会治理包含三个方面的含义:第一,为实现治理目标,治理主体可以采用服务、自我管理等多种手段;第二,社会治理多元管理主体的协同参与,不是将社会简单分为管理者和被管理者,社会的全体成员都将成为治理的参与主体;第三,治理的手段不再是单一的强制管理,而是社会自治、公共协商和自我管理等多种方式的融合。①

治理理论是传统管理理论划时代的又一重大变革,它的兴起源于全球性的国家和社会治理危机。这种危机在发达国家表现为政府权能型福利主义的失败,在发展中国家则表现为社会解体和国家政府行政职能的崩溃。这种危机的根源是政府和市场的双重困境,因为经济现代化要求社会组织内部和外部间的互动日益频繁,而这种互动简单地借助于国家计划或资本市场的运行远远不够。这种客观经济社会结构的变化导致制定政策所应遵循的基本层面也随之发生变化,从而使国家社会治理的总体结构和功能必然发生新的动向。② 为适应这种变化,治理理论改变了原有管理理论的单向性、权力性和支配性理念,提出了互动、权利、参与等更加重视个体主体的治理理念。

企业管理理论是和上述管理理论共生的一种理论。企业管理理论的发展大致经历了如下三个阶段。①18 世纪末到 19 世纪末,以体力劳动、脑力劳动分离和资本家管理为特征的传统管理阶段。其管理的核心要义是经验。②20 世纪 20~40 年代,以资本家与企业管理者相分离为特征的科学管理阶段。这一阶段是对经营进行体系化和模式化的时期。③20 世纪 50 年代以来,以定量分析、数理决策、计算机控制为特征的现代管理阶段。在这一阶段,科学创新的多样管理工具被运用于管理过程。

7S 模型就是企业现代管理阶段的产物,20 世纪七八十年代,基于经济危机和工人失业等社会问题的现实需求,长期服务于美国著名的麦肯锡管理顾问公司的两位斯坦福大学管理硕士——T. J. 彼得斯(T. J.

---

① 魏礼群.社会建设与社会管理[M].北京:人民出版社,2011:290.
② 夏建中.中国城市社区治理结构研究[M].北京:中国人民大学出版社,2011:30.

Peters)和 R.H.沃特曼(R. H.Waterman),努力寻找着适合本国企业发展的法宝。他们通过对选中的美国 62 家大公司、43 家获利能力和成长速度较快的样本公司进行调查,经过充分思考和讨论总结,以企业组织的 7 个要素为研究框架,编写了《成功之路——美国最佳管理企业的经验》一书,构造了企业发展的经典管理模式——7S 模型。

7S 模型以战略、结构、制度为管理中的硬件要素,以风格、人员、技术和共同理念为管理中的软件要素,将现代社会管理创新及治理结构的核心要素予以具体运用和型构,充分表达了现代社会工业理性、科学化、社会主体自我认可以及社会文化建设等现代性体验,并以要素的方式将上述现代性体验和理念模块化、具体化和可操作化,实现了"人的问题要求人性地解决"的现代治理理念和目标。

环境治理是社会治理的重要内容和特殊组成部分,由于 7S 模型与社会治理的内在相通性和核心一致性,其客观上必然具有可以适用于环境治理结构调整的普适性特征。

长久以来,我国包括环境管理在内的社会管理模式,主要是政府统管的计划模式或权力强制模式。这种模式在思想观念方面轻视社会管理的价值和意义,在管理主体方面忽视社会多元主体参与,在管理方式方面缺少协商协调,在管理环节方面没有源头治理,在管理手段方面缺乏文化培育和道德自律。因此,7S 模型的引入将为环境治理的现代化变革提供一个极好的、便于认知和学习的、极具操作性的模块化系统。

(二) 7S 模型与环境治理的结构对应

在传统社会向现代社会转变的过程中,我国的社会结构、社会组织形式、社会价值理念等都在发生着深刻的变化,复杂的公共事务、多元化的利益主体和民众需求共同决定着社会治理的结构转型,即从管理走向治理。

"管理"和"治理"尽管都是强调政府对社会的职能和责任,但它们在本质上是两种不同的治国理政方式。不同于"管理"所要求的权力强制、中心单一、事权集中和命令效率模式,"治理"强调政府、社会、民众多主体互动协作,是多元主体协商互动、分散与集中相结合的辩证过程。

国家治理的现代化就是国家治理体系现代化和国家治理能力现代化

的双重现代化。* 国家治理体系现代化是指科学地构建各个领域的指导思想、组织机构、法律法规、组织人员、制度安排等要素,形成完整、系统的治理体系。国家治理能力现代化意味着以事权、财权为核心的国家执政能力以及以公民素质、社会文化培育等为中心的社会自治能力的全面现代化,以及信息、网络等治理技术的现代化。

环境治理是国家治理体系的一个重要领域和环节,同样立足于上述治理体系和治理能力的现代化,而7S模型所构造的发展和建设模型既产生于这种治理现代化的变革,也是此种治理现代化变革的结果。该模型的7个要素能够与我国环境治理的现代化模式形成结构性对应,并为其提供结构构造的相关策略。

首先,战略、结构、制度等硬件要素事实上可以为我国环境治理制度的体制框架和具体制度体系设置(包括权利义务和权力职责的配置)提供思路。现代的环境治理必须遵循科学治理原则、民主治理原则和制度治理原则。

战略是治理目标、具体策略和发展路径的总体性规划。现代环境治理是战略制胜的时代,战略的选择将确保治理的正确方向,有利于组织效率的提升;战略的失误是最大失误,战略的错误将导致治理的整体性失效。环境治理战略的变化,就是从单纯地重经济发展到重经济和人的全面发展的转变,而环境问题产生的根本原因就在于过去单纯追求GDP增长的粗放型经济增长方式。因此,治理的良性运动必须依靠理性、科学、全面协调的经济社会综合发展模式。

结构即事务构成的要素及其各要素间的本质性联系。环境治理战略的基本依靠是环境治理组织结构的科学构建。环境治理结构的创新关键在于从离散型、垂直化结构到综合型、扁平化结构的发展变化,这种变化又直接体现为国家治理体制机制的顶层设计。在原有的环境治理结构中,部门分工、行业治理的权力分立与中央垂直管理的情况同时存在,职

---

* 2014年1月1日,《人民日报》发表题为《切实把思想统一到党的十八届三中全会精神上来》的文章,阐明了国家治理体系和治理能力的基本含义。该文章指出:"国家治理体系是在党领导下管理国家的制度体系,包括经济、政治、文化、社会、生态文明和党的建设等各领域体制机制、法律法规安排,也就是一整套紧密相连、相互协调的国家制度;国家治理能力则是运用国家制度管理社会各方面事务的能力,包括改革发展稳定、内政外交国防、治党治国治军等各个方面。"

能的分散性、中央与地方的不协调以及政令一致化带来的僵化和行政壁垒严重制约着市场要素的积极性。因此,我国应立足"国家—社会—市场"的统一协调治理结构,以对社会主体整体的尊重和认可为前提,充分利用主客观激励机制,有效形成多元化的治理格局。

制度要素体现在体制和机制两方面。在体制方面,我国应理顺党政之间的关系,执政党要从行政性事务中解脱出来,更好地发展和实现良性的政治领导职能,充分发挥其治理的权威作用,并建立分工合理、权责匹配、民主化复合型的行政运行体系;同时,完善市场经济体制和发挥市场的基础性作用,培育优质的社会组织,创新多样化的公民参与治理途径。在机制方面,我国应建立和完善协作机制、信任机制、责任机制、监督机制和信息交流机制,厘清治理主体的权责配置,实现治理主体行为的规范化,建立科学、协商、互惠的运行机制。

其次,作为软件要素的风格、人员、技术和共同理念,则直接规定了国家环境治理体系的治理行为特征、参与主体、治理技术和治理文化。中央明确指出,生态文明建设必须融入经济建设、政治建设、文化建设、社会建设的各方面和全过程。因此,我国环境治理的风格、人员、技术和共同理念必须契合上述生态建设的一体化过程。

作为体现风格的治理行为特征,环境治理必然呈现的鲜明特征是从行政管制型到公共服务型的转变,政府治理职能和执法主体的行为必然定位于公益性服务,既要加强城镇的公共服务建设,也要加强广大农村的公共服务建设,构建不同区域、不同领域相配合的公共服务体系,推进公共服务的市场化。

人员要素,即治理主体问题,要从客体化时代走向主体化时代、从传统人事管理走向现代人力资源管理、从单一被动的管理主体走向多元主动参与的主体,充分调动社会组织和公民的积极性,实现国家与社会的良性互动。具体措施为:一方面,以民主行政、信息公开、民主监督为现代行政的基本要求,实现公民个体对社会治理决策、立法、执法、司法和监督的全面参与,使每个公民个体都成为治理的主体;另一方面,培育和发展社会中介组织,充分发挥社会自治组织的基础性作用,建立政府与社会相互依赖、相互协作的互动关系。

治理技术变革本质上就是经济增长方式的变革。环境污染问题是全社会共同面临的话题,污染的加重和资源的缩减正在对环境治理提出更高的要求,对环境的整体修复已经超越了单纯的污染治理,形成了环境治理新趋势。信息经济、低碳经济、绿色循环经济将成为 21 世纪全球经济发展新的增长点,环境治理将不再依靠过去简单的强制规制、惩罚约束和政策引导,而更多地依靠宏观调控和市场策略的有机结合,用法律制度确保市场力量积极、主动地进行自我治理。因此,环境治理技术将成为新经济发展模式的启动点和核心引擎。

治理理念或共同的价值观是环境治理走向善治的内动力,其与公民社会的文化培育直接相关。理念的转型植根于文化的变迁,现代环境治理从注重效率转向关注公平、从发展经济转向关注人类自身发展,参与、民主、多元、认同、包容将成为环境治理内在的基本要求。治理文化建设包括文化事业建设和思想道德建设两个层面。文化事业是以文化产业为基础的文化建设实体,文化事业建设应通过构建现代公共文化治理的体制机制促进文化产品生产、文化交易市场的全面提升。思想道德建设则应以培育和弘扬社会主义核心价值体系和社会主义职业和行为道德为基本要求。

二、7S 模型在环境治理中的制度优势

(一)制度构建和创新的系统优势

7S 模型整体框架的哲学基础是系统论和控制论,因此,7S 模型管理理论能够为日趋复杂的公共治理系统提供有益的方法论指导。

公共治理是一个多主体、多层次的复杂系统,且该系统内在的各层次、各方面之间存在着多种多样的交互作用,因此,其复杂性和不确定性十分突出。从公共治理的视野来看,政府的角色需要重新定位,各种非政府的自主性的组织之间以及公民个体之间是复杂的合作伙伴关系,与之相适应,善治价值及其公共治理方法的选择同样是复杂的。因此,公共治理必须冲破传统简单化的理论范式。7S 模型科学、合理地构建了系统的整体观,并围绕治理创新的核心要素有效地构建了创新的运动因子。同时,7S 模型内在的各要素不是静止不动的,而是通过系统内外的社会环境

进行着物质、能量和信息的持续运动和交换，以不断完善自己并保持对社会环境的最佳适应状态。

（二）现代治理体系要求的主体型构优势

7S模型进行一般归纳的观测对象或经验本体是现代社会最典型的构成单元——企业。企业是在传统社会走向现代社会过程中的一个核心组织体，而且随着企业创新能力的不断提升，现代社会人类个体组织形式发展的内在趋势就是企业化。

现代社会不同于古代传统社会的根本点就在于人类主体性的发现，这种发现不仅体现在政治哲学和政治体制建设的权力归属、权利配置方面，而且还体现在经济社会发展过程中人类自我力量的证明和实现方面。企业化、自治和去中心化则正是这种主体性力量不断蓬勃发展的不竭源泉。

7S模型是基于社会人理论、文化人理论、自我实现理论等主体建构基础之上的现代管理的新理论。该模型的目标是实现经济增长、企业发展、个体成长以及文化孕育的整体性发展，实现从"以事为中心"向"以人为中心"的治理方式和治理结构的转变。

（三）便于执行的效率优势

7S模型通过将管理的7个要素区分为硬件和软件两个层次，有效地实现了治理体系宏观和微观的区分协调，既考虑了治理的顶层设计问题，也考虑了治理的具体执行和落实问题。同时，7S模型还强调和注重模型各要素之间的互动、制约关系，具有认知的确定性和创新的灵活性等特点。基于此，该模型应用于国家环境治理结构改革能够被社会普遍接受，因为该模型涵盖的环境治理结构改革的理念、具体制度及保障措施等，可以以较低的成本和便捷的宣传教育方式被贯彻实施。7S模型的模块化特征可以将操作的内容和程序细化，极大地体现出易操作、便于执行的效率优势。

（四）制度绩效激励的强化优势

7S模型关注整体性，以主客观的辩证认识综合源头、过程和结果一体化程式，通过对治理对象、治理内容和治理方法进行模块化形塑，从客观上实现了以过程和效果考核代替以约束和强制考核的绩效激励机制变革。同时,该模型各模块的具体要素也为环境治理绩效考核目标和标准的设计提供了可量化的总体性评价标准。

此外,7S模型将人的主体能动性构筑为制度创新和机制创新的核心力量,改变了传统的以"权力本位"为特征的管理模式,创造性地发展出了以"能力本位"为特征的新型治理模式。由"权力本位"转向"能力本位"是政府治理人员变革的一项重要使命,这种转变极大地激励了治理组织和治理人员参与治理的积极性,有利于形成总体效果强化的激励机制。

(五)有效对接国际环境治理的一体化优势

7S模型理论源自西方,是全球化和现代化思潮的产物。生态环保产业作为我国经济增长的新模块,是我国对外开放的重要领域。通过与国际市场的合作,将国际上先进的治理理念、治理技术、管理模式甚至治理产业链条予以引进或借鉴,是当前我国环境治理的必然选择。此外,7S模型是现代全球企业通用的一种管理模式,我国在环境治理中运用该模型可以获取全球市场的价值认同,有利于实现国内环境市场和国际环境市场的迅速融合。

三、7S模型在环境治理中的问题预设及应对策略

(一)7S模型理论原生领域非公共领域的局限问题

社会领域分为公共领域和非公共领域,对公共领域进行的管理属于国家治理和社会治理的层面,而对非公共领域进行的管理则属于私人领域的自治管理模式。其中,企业管理是最为典型的一种非公共领域自治管理。公共治理与企业管理的不同主要表现在如下五个方面。第一,目标不同。公共治理是为公众服务追求公共利益的,而企业管理则以营利为目的,追求利润最大化。第二,实质不同。企业管理为了实现组织目标,主要着力于提高效率,而公共治理不仅要注意到效率问题,而且还要关注公平问题。第三,特性不同。与企业管理责任的私益化不同,公共部门,尤其是政府,更强调自身不可回避的社会责任。第四,监督方式不同。公共治理要受到社会大众的监督,而企业管理的监督主要来自企业内部。第五,权力来源不同。公共治理的权力主要来源于社会大众所给予的公共权力,而企业管理的权力则大都是私人授权。

从本质上来讲,7S模型是一种源于现代公司管理的模型,而公司管理大多并不涉及公共利益,因此,7S模型理论在运用到国家和社会治理层面作为型构国家和社会治理新模式的理论时,必然要受到其原生领域——非公共领域的限制。基于此,7S模型理论的利用必须充分重视利益引导等市场机制对环境治理组织、个人主体的建设价值,充分发挥其整体性功能对治理效率的积极意义;同时也必须重视作为国家和社会治理领域的环境治理必然以公共利益为重的恒定选择,必须重视公平相对于效率的优先性;更必须重视特殊领域战略选择短期性、局部性限制与环境治理长期性、全局性要求的不同。

(二) 7S模型理论自治倾向与公共权力的协调问题

权利是权力的源泉,权力产生的目的应当在于维护权利,但是由于权力具有强烈的独立性和扩张性,自权力产生之日始,权力常常站在权利的对立面,甚至于侵犯和压迫权利。权力和权利之间的历史斗争不可避免,自现代以来,伴随启蒙主义和个体自由主义的发展,权力和权利之争也由阶级性的斗争进入了国家和社会对立争夺的局面,自治权利和公共权力的协调问题就代表了这种新状况。

7S模型主导构造的组织自治和个体自治是对公民个体权利体系发展的最佳策略,是权利社会、公民社会完善自我的优质路径。因此,7S模型在国家和社会治理领域的运用,必然面临着自治权利与公共权力的对立和协调。

现代社会建设或社会治理必然要求培育、发展对应于国家的公民社会和对应于市场的能动社会,以形成市场—国家—社会之间相互制衡的结构,而且必然有赖于公民权和公民意识的产生。社会治理的终极目标是形成有限政府、有限市场与能动社会三者的良性互动治理体系。和谐社会本质上就是权力、市场与社会之间的和谐。但是,国家与公民社会、政府权力与公民权利之间存在着先天性矛盾。国家、政府权力对社会的主体性是持有怀疑看法的,它们往往视社会的主体性为破坏性力量;而大众也具有类似的对社会恐惧心理,大众行为常常表现为对公共领域的距离保持。这最终导致了整个公民社会主体性价值遭受排斥和否定,造就了公民社会自主性的缺失。基于此,为实现国家和社会治理范式的根本变革,必须充分调动市场的力量,通过社会力量的自然成长,培育社会主体性的自信,赢得国家、政府和社会大众的信任,实现自治权利与公共权力之间的和谐相处。

(三)模式化分析对制度创新灵活性的制约问题

模式作为一种事物发展的标准样式,其存在主要是为事物发展的方向提供一个确定的路径,为事物特定阶段的运行提供一个既定的运作体系。但是,模式并不能涵盖事物的全部,一方面,模式是对特殊性之中共性的抽象,不能替代特殊性;另一方面,一种模式的存在必然具有特定的时空限制,当事物从量变到质变进入新的阶段时,既定的模式将会对事物的发展产生限制。

环境治理过程中存在着大量具有特殊性的问题,并且许多问题还可能是现有模式无法涵盖的问题。同时,既定的模式往往会排斥其他新模式的产生,这可能会造成治理思维的固化。因此,7S 模型的适用可能会对制度创新的灵活性产生制约。

第五章　我国环境治理的硬件要素建构

基于 7S 模型和环境治理的内在要求，环境治理的硬件要素包括环境治理战略、环境治理结构和环境治理制度。其中，环境治理战略是关于环境治理目标、发展策略和发展途径的总体谋划与导向。环境治理结构包括环境治理的外在空间结构和内在组织结构。环境治理制度作为贯穿环境治理软件和硬件各要素的规范体系，目的在于保障环境治理战略的有效实现并在此基础上对治理结构予以优化。

一、国外环境治理战略的历史流变

环境治理是一个世界性的共性话题。无论是在环境治理与经济社会发展关系的认知方面，还是在环境治理工程的实效方面，美国、欧洲和日本都积累了可资借鉴的成功经验。

（一）基于公众利益的环境保护：美国环境治理的历史与发展

美国的环境问题肇始于 19 世纪末 20 世纪初。从美国内战结束到第一次世界大战结束的近 50 年间，美国从农业大国转型为工业大国。1890 年到 1917 年的近 30 年被称为美国的"进步时期"，但也正是在这一时期，工业产生的废弃物逐渐超过环境的承载能力，再加上城市人口过度集中和汽车的普及，美国的环境问题日益凸显。例如，20 世纪 40 年代发生的洛杉矶光化学烟雾事件和多诺拉烟雾事件就是其典型表现。环境污染不仅威胁着人们的健康，也对自然和生态造成了严重的破坏。即使如此，人们仍醉心于工业化带来的经济发展和巨额财富，把环境污染视为"进步"的副产品，对于环境问题所造成的健康威胁并未给予足够的重视。其间，美国政府也曾于 1924 年和 1948 年分别出台了《防止河流油污染法》和《联邦水污染控制法案》，但这种以治污为主要思路的处理措施对工业化造成的整体性环境污染并未产生明显的治理效果。1962年,曾于1935—1952年供职于美国联邦政府所属的鱼类及野生生物调查所的蕾切尔·卡逊撰写了可以视为现代环保运动之肇始的《寂静的春天》一书。该书描述了滥用农药给自然、生态以及公众健康带来的危害,使得一向被人们所忽视的环境问题非常突兀地暴露出来,并对人们"控制自然"的做法进行了严厉的批判。该书引起了普遍而强烈的反响,原本鲜见于报纸、杂志的环境问题开始被人们广泛关注。1970年,美国总统尼克松签署《国家环境政策法案》,以法律的形式规定改善环境是联邦政府的责任。同年,美国国家环境保护局成立。在此之前,联邦政府没有专门的组织机构可以处理危害人体健康及破坏环境的污染物问题。

从第二次世界大战后至20世纪70年代,美国依托高能耗的工业和交通业发展经济,美国企业界和相关产业组织陶醉于经济发展的丰硕成果,对因此造成的环境污染刻意回避。美国政府对此也采用放任政策,并未把环境保护的价值上升到和经济发展同等的高度。究其实质,各利益群体都把环境治理看作是纯粹的成本投入,而没有预见到由此带来的相应产出,更没有对环境污染造成的损失进行明确精准的测算。

1969年,美国《国家环境政策法案》颁布,其最初的目的是应对影响日益扩大化的民众环境运动和环境诉求,但也由此催生了其副产品——环境产业的兴起。美国的环境产业主要由环保设备、环保资源和环保服务构成。1970年,美国环境产业的总产值为390亿美元,占GDP的0.9%;2003年,美国环境产业的总产值为3 010亿美元,占GDP的3%,其中,环保公司盈利20亿美元,创造税收收入450亿美元,并提供了497万个就业机会;预计到2020年,美国环境产业的总产值将达到4 420亿美元,将创造638万个就业机会。[①]

美国环境产业的兴起与发展,彻底更新了人们对环境投入的认识,改变了经济发展与环境治理完全对立的价值观念。在此基础上,美国政府制定了包括环境管制政策、环境技术创新政策、环境财税政策、环境国际

---

① 赵行姝.以环境保护创造社会财富——美国发展环保产业的经验[J].中国金融,2006(19):23-24.

贸易政策等一系列支持环境产业发展的产业政策。[①] 这些政策对环境产业的发展提供了强有力的支持,得到了新兴的环保产业及其相关产业组织的大力拥护,也向广大民众表明了政府对于环境保护的责任和态度。同时,这些政策指引了传统产业发展的方向,促进了传统产业的转型,使污染源得到了有效控制。总之,美国的环境治理缘于民众基于公共利益保护的环境运动,奠基于美国政府的环境治理政策,依托美国环境产业的兴起与发展,并最终通过传统产业的成功转型而产生实效。

(二)从整体性危机到整体性行动:欧洲环境行动规划的发展演变

欧洲的环境问题和对环境的早期关注发生在第二次世界大战前后。从 20 世纪 20 年代至 20 世纪 40 年代,内燃机的快速发展和普遍应用使炼油工业高速发展,而炼油工业和大型火力发电企业又造成了煤炭的巨大消耗。至 20 世纪 50 年代,这一发展趋势导致环境污染泛滥,石油工业、煤炭工业、火电产业、运输业等迅速形成一股合力,造成了大气污染、河流污染、海洋污染等普遍的、跨越成员国国界的整体性环境危机。

20 世纪 50 年代至 70 年代,针对环境污染问题,在欧洲共同体采取整体性行动之前,各成员国主要以"末端治理"的思路出台了各自的污染治理法律。例如,1956 年英国颁布的《清洁空气法》和《清洁河流法》,1962年荷兰政府出台的《公害法》,1964 年法国制定的《水法》,1966 年意大利实施的《大气清洁法》,等等。在各成员国的努力下,环境污染得到一定程度的控制,但各自为战的环境治理行动以及各不相同的环境标准,一方面难以保证环境治理的效率和治理成果,另一方面也必然造成跨国商品流动的障碍和市场竞争的不公平。但是,1957 年的《罗马条约》并未明确提及环境问题,其主要内容是建立关税同盟和农业共同市场,逐步协调经济和社会政策,实现商品、人员、服务和资本的自由流通。这导致有些学者认为在这一时期欧洲没有环境政策。考虑到欧洲共同体成立的初衷是发展经济和应对区域威胁,而且当时的环境污染是可以控制和治理的,因此,《罗马条约》关于环境问题的"留白"是可以理解的。

随着环境污染的加剧和环境问题的普遍化,各成员国的环境治理法

①　高明,洪晨.美国环保产业发展政策对我国的启示[J].中国环保产业,2014(3):51-56.

令和环境治理措施日益影响着欧洲的一体化发展。因此,针对环境问题及其治理,到底是各成员国自己解决还是欧洲共同体采取统一的措施,就成为一个迫在眉睫的问题。

为协调各成员国的环境治理行动、统一各成员国的环境治理法令,避免环境问题成为阻碍欧洲一体化发展的因素,欧洲共同体于1973年通过了第一个环境行动计划(1973—1976年),批准了共同环境政策的目标和原则,以及各成员国共同开展的一般行动。之后,欧洲共同体分别于1977年和1983年陆续通过了第二个环境行动计划(1977—1981年)和第三个环境行动计划(1982—1986年),提出了预防为主、共同行动和综合污染控制的原则,而且更为重要的是,在环境治理方面,形成了欧洲共同体和各成员国两层治理的格局。然而,环境治理的两层治理格局并未取得显著的效果。在《单一欧洲法令》签署之前,欧洲共同体的绝大多数法令都需要各成员国一致同意才能通过,由于各成员国在环境治理方面不可避免地存在不同的标准和要求,一致通过原则势必导致立法标准"就低不就高",主张较高环境保护要求的国家只有迁就主张较低环境保护要求的国家才能达成共识。因此,欧洲共同体初期的环境立法经常被批评为"最低共同标准立法"。[1] 1987年生效的《单一欧洲法令》设立了"环境问题"专章,其重要突破是强调了污染者付费原则和源头控制原则,将环境标准与欧洲共同体的经济政策相统一。[2] 虽然根据此法令,理事会在接受委员会的立法建议时要采取一致通过的方式,但作为例外,在环境领域理事会可以对某些类型的环境措施采取特定多数通过的表决方式。该法令结合《罗马条约》第100条和第235条,在环境政策制定方面,足以形成欧洲共同体对各成员国的倒逼机制,从客观上促使新加入成员国提高其环境政策标准。

1989年,欧洲理事会决定设立欧洲环境署。作为专门负责环境问题的独立机构,欧洲环境署充当了为各成员国提供环境信息和环境监测网络的机构,但它无权对欧盟环境政策的执行情况进行监督,也不是欧盟环

---

① 蔡守秋.欧盟环境政策法律研究[M].武汉:武汉大学出版社,2002:85.
② 傅聪.试论欧盟环境法律与政策机制的演变[J].欧洲研究,2007(4):54-67.

境规划的实施者。[①]

欧盟在环境问题上基本理顺与各成员国关系之后，于 1993 年通过了第五个环境行动计划（1993—2000 年），开始考虑吸纳商会、非政府组织、消费者及地方当局参与咨询和发表意见。这标志着欧盟环境治理不再局限于欧盟与各成员国之间的关系处理，而是从整体性考虑，整合全社会的力量共同参与环境治理。

（三）始于全国性反公害运动的日本环境治理战略

追溯日本环境治理的历史，"公害"和"市民运动"是两个无法回避的主题。根据日本《公害对策基本法》（1967 年），公害被界定为由工业或人类其他活动造成的大范围的大气污染、水质污染、土壤污染、噪声、震动、地面沉降（矿井钻掘所造成的下陷除外）和恶臭气味对人体健康和生活环境带来的损害。在世界八大公害中，四日市哮喘（1961 年）、米糠油（1968 年）、水俣病（1953—1956 年）、骨痛病（1955—1972 年）这四起公害都发生在 20 世纪 50 年代至 60 年代的日本。公害发生的主要原因是人们忽略了环境的承受能力而无节制地发展经济。在公害发生前，该问题往往被工业发展所带来的巨大经济成就所掩盖。第二次世界大战后，恢复并发展经济成为日本社会的重中之重。起初，日本通过发展冶金、电力、矿业、粮食制品等基础性工业，并推行"产业合理计划"促进经济发展；进而，日本经济发展的重心转向机械、钢铁、化学、石油、煤炭等重工业，这必然带来煤炭、石油等能源的大量消耗，并对日本的环境承受能力提出了严峻的挑战。此时，日本的公害事件也主要表现为大气污染和水污染。

对于频繁发生的公害事件，日本政府基于"经济自立"的主导经济政策，虽然也针对某些具体的环境污染和公害制定了一些诸如《自然环境保护法》《水质保护法》《公害对策基本法》等保护环境、防止公害的政策和法规，但仅仅把环境问题作为经济发展中的附带问题孤立地予以考虑，没有对之给予高度关注。但是，置环境污染于不顾而片面地追求经济效益的做法对环境和公众健康造成了严重威胁，频繁发生的公害事件点燃了日本公众的怒火，缘于环境问题的市民运动此起彼伏。于是，日本政府开始

[①]　傅聪.试论欧盟环境法律与政策机制的演变[J].欧洲研究,2007(4)：54-67.

重视环境问题,并采取了极为严厉的污染治理政策。在 20 世纪 70 年代之前,虽然这种事后治理的污染控制思路取得了一定的治理效果,但这仍属于"治标不治本"的做法。为此,《公害对策基本法》修正案(1970 年)删除了"环境保护与经济发展协调"条款,明确该法的目的是"保护国民健康和维护其生活环境"。此外,《环境厅设置法》(1971 年)授权日本政府设置在总理府领导下的环境厅。自此,日本建立了一套完善的环保管理、执法、研究、监测机构,也加大了对环保的投入。

日本环境治理政策和治理措施的有效实施,相应地催生了日本的环境产业,并为日本环境产业的发展提供了政策支持。例如,日本政府为环境产业提供优惠融资条件支持其发展,以财政补贴支持其技术研发,利用税收杠杆促进企业减排,在环境产业领域放宽经营限制,引入私人融资(private finance initiative,PFI)模式来扩大公共事业的融资渠道。这种从观念到行动的环境治理思路相当成功,至 2000 年,日本环境产业的市场规模为 299.449 万亿日元。据日本环境厅预测,到 2020 年,日本环境产业的市场规模将达到 583.762 万亿日元,成为和汽车产业、建筑业并驾齐驱的主要产业之一。同时,受消费者环境意识提高、绿色消费需求扩大、社会公众和投资者更加关注企业环境外在表现以及政府环境法律实施日益严格等多方面因素的影响,日本的传统产业逐渐改变其经营方式,建立了以环境为中心的管理系统,并通过了 ISO14001 认证,成为环境认证企业。

综上所述,国外环境治理具有时间特性和空间特点。美国、欧洲和日本环境治理的有效运行,尤其是环境治理的价值目标及其治理战略选择,客观上取决于政府、市场、公众或民众以及非营利性环保先行者的博弈结果。

二、我国环境治理的历史发展与治理战略的变迁

(一)第一次全国环境保护会议

1972 年,联合国在瑞典首都斯德哥尔摩召开了第一次人类环境会议,会议通过了《人类环境宣言》和《人类环境行动计划》,形成了关于关注环境、正视环境问题和保护环境的共识。我国政府派代表团参加了该会议

并在大会上发言,但从其发言的内容可以折射出环境污染及其治理问题对当时的中国来说无疑是一个崭新的问题。在此之前,虽然国务院曾多次指示国家有关部门和地区切实采取措施防治环境污染,但更多表现为一种战略考虑,而没有形成有效的环境治理措施。不过,这次会议也为我国的环境治理带来了两项历史性的成果:一是在1972年6月建立了官厅水库水源保护领导小组,开始了中国第一个水域污染的治理;二是在1973年召开了第一次环境工作会议。

我国第一次全国环境保护会议确立了环境保护工作的三十二字方针——"全面规划、合理布局、综合利用、化害为利、依靠群众、大家动手、保护环境、造福人民",还制定了《关于保护和改善环境的若干规定》,强调经济发展要与环境保护统筹兼顾,并确立了"同时设计、同时施工、同时投产"的"三同时"制度。此外,会议决定成立国务院环境保护领导小组,负责协调和指导国务院所属各部门和各省、自治区、直辖市的环境保护工作。

三十二字方针第一次把环境保护提上了我国社会建设的议事日程,对我国的环境治理有着积极的指导意义,但该方针没有回答环境保护和经济建设的关系是什么以及如何正确处理两者关系等问题。"三同时"制度要求环境保护措施的实施和工业企业工厂建设同步进行,旨在从源头控制和治理"三废"等污染问题,但该制度的大部分内容都是原则性规定,操作性不强,而且对于环境保护设施建成后未投入使用等违反规定的行为缺乏强制性手段。"三同时"制度实施后,真正落实执行的比例不到20%。同时,国务院环境保护领导小组办公室等环境保护机构规模比较小,其主要职能是协调和参与国际合作。因此,以环境保护的战略方针、环境治理制度和环境治理机构为主要成果的第一次全国环境工作会议没有在随后的实践中显现出可观的实效。究其原因,一方面,当时我国经济发展水平较低,尚处于工业化初期阶段,对环境保护缺乏应有的重视,很自然地走上了西方工业化国家"先污染,后治理"的老路;另一方面,也是最根本的原因,我国当时实施的是重工业优先发展的战略。①

---

①　张连辉,赵凌云.1953—2003年间中国环境保护政策的历史演变[J].中国经济史研究,2007(4):29.

（二）第二次全国环境保护会议

1978 年《宪法》第十一条规定："国家保护环境和自然资源，防治污染和其他公害。"这是环境保护在我国首次入宪，也为随后制定的《环境保护法》提供了宪法依据。在 1978 年年底召开的中共十一届三中全会上，经济建设被确立为我国社会主义建设的战略重心。自此，重工业优先发展战略被现代化建设战略所逐步取代，环境保护开始受到更多重视。1979年，《中华人民共和国环境保护法（试行）》颁布，我国以法律形式确定了环境保护的战略方针、目标任务和机构设置以及"三同时"制度和限期治理制度。

在此背景下，1983 年召开的第二次全国环境保护会议把环境保护确立为我国的一项基本国策。自此，环境保护被正式纳入国民经济和社会发展计划，环境保护也成为历届政府工作报告的一项重要内容。第二次全国环境保护会议的成果还表现为制定了我国环境保护的总方针、总政策，即"经济建设、城乡建设、环境建设，同步规划、同步实施、同步发展，实现经济效益、社会效益和环境效益相统一"。此外，该会议还提出，把强化环境管理作为环境保护工作的中心环节。可以说，第二次全国环境保护会议使环境保护在政府管理的层面得到了前所未有的重视，从中央到地方，环境保护都是政府工作的重要内容，对污染的预防和治理是各届政府的应有职责。次年，国务院设立环境保护委员会，取代环境保护领导小组及其办公室，负责研究审定环境保护的方针、政策，提出规划要求，领导和组织、协调全国的环境保护工作。但是，这种关于环境保护的顶层设计并未过多考虑作为环境治理主力军的企业和作为环境权益享有者的社会公众的生存状况与现实需要，而且忽略了诸如与开展环境保护相配套的财政政策和发展环境产业等导向性举措。

（三）第三次全国环境保护会议

1989 年 4 月，国务院召开第三次全国环境保护会议。会议提出，"向环境污染宣战"，要求各级政府都要对本地区环境质量负责，要把防治污染、改善环境作为本届政府的任期目标，严肃认真地负起责任，绝不能只管经济指标而置污染于不顾。会议强调，将环境管理作为环境保护的中心工作，坚持预防为主、谁污染谁治理和强化环境管理三项政策。会议肯定了环境影响评价、"三同时"和排污收费三项环境管理制度的积极作用和效果,提出继续建立环境保护目标责任制度、城市环境综合整治定量考核制度、排污许可证制度、污染集中控制制度和限期治理制度五项新的环境治理制度。

此外,时任国家环保局局长的曲格平在环境工作报告中确定了环境保护工作的两项明确思路:一是明确提出组建环境保护产业协会,通过宏观政策支持和依靠科技进步发展环境保护产业;二是明确了社会公众的环境知情权和环境监督权,鼓励公众参与,加强舆论监督。

从第三次全国环境保护会议的成果看,在会议前后,国家虽然相对集中地出台了一系列环境法律法规,要求依据法律法规开展环境保护工作,但这些法律法规仍然没有超出行政法的范畴。就地方政府来说,现代化建设虽然要求经济发展和社会发展兼顾,但现代化建设战略中缺少关于环境保护的战略目标和要求。此外,受地方政府间经济发展数据竞争和官员政绩评价体系的影响,环保工作仍然沿袭"先污染,后治理"的老路,甚至经常出现前期污染尚未治理、后期新的污染接踵发生的情形。

(四) 可持续发展的环境治理战略

我国的环境治理虽然在战略层面越来越受到人们的重视,也取得了一定的成效,但这些成效难以抵消经济高速发展下激增的环境污染。至20 世纪 90 年代初,我国的环境状况总体上与发达国家 20 世纪 60 年代污染最严重的状况相仿。根据相关学者和研究机构对我国环境损失(包括环境污染和生态破坏)的估算,环境损失占国民生产总值的比重大约为10%～17%[①],而且二氧化硫的排放量已处于环境容纳能力的最高限量,经济发展和环境保护的协调性难以维持。

1992 年 6 月,在巴西里约热内卢召开的联合国环境与发展大会通过了一项没有法律约束力的文件——《21 世纪议程》,提出了可持续发展的行动理念。我国政府根据《21 世纪议程》制定了《中国 21 世纪议程》,作为我国可持续发展的总体战略、计划和方案。

---

① 厉以宁.中国的环境与可持续发展——CCICED 环境经济工作组研究成果摘要[M].北京:经济科学出版社,2004:105.

可持续发展战略特别关注经济发展的生态合理性,强调经济发展应与环境保护协调一致。这意味着我国在确定经济发展目标、选择经济发展模式、制定经济发展计划、采取经济发展措施和衡量经济发展效果时,必须把环境因素考虑在内,不仅要定性考虑对环境的积极或消极的影响,而且要量化考虑环境成本和环境效益。

1992年以来,随着可持续发展战略的实施,环境保护在我国得到了前所未有的重视。一方面,环境投资有了较大增长,各项环境保护制度被进一步落实;另一方面,地方政府日益重视环境保护工作,在处理地方经济发展与环境保护的关系时更为慎重。但是,在环境治理执法方面,环境行政部门仍未获得有执行力的强制性执法权;在环境治理综合协调方面,我国还没有从法律上进一步明确政府、市场或企业、社会公众环境治理的法律关系。

(五)环境治理战略的法治化:新《环境保护法》

中共十一届三中全会以来,我国的经济和社会发生了巨大变化,尤其是在经济领域,经济发展模式从计划经济转变为社会主义市场经济,经济结构从公有制经济转变为公有制为主体、多种经济成分并存的经济形态,产业构造从传统产业转变为传统产业和现代产业共同发展。在此背景下,以往完全依靠行政手段进行环境管理的模式难以适应经济社会发展对环境治理的需要。于是,对《环境保护法》的修订成为大势所趋。新修订的《环境保护法》从法律层面进一步明确了政府、企业等经营者、社会公众参与环境治理的法律关系,使环境治理战略的实施获得了法律保障。

在环境治理的参与主体方面,新修订的《环境保护法》第六条明确了地方政府、企业等经营者、社会公众的主体地位及义务。这改变了以往环境治理主要依靠政府,尤其是环境保护部门,进行单一行政管理的传统方式,体现了多元共治、社会参与的现代环境治理理念,即各级政府对环境质量负责,企业承担主体责任,公民进行违法举报,社会组织依法参与,新闻媒体进行舆论监督。

在环境产业发展的财政支持方面,新修订的《环境保护法》第二十一条规定:"国家采取财政、税收、价格、政府采购等方面的政策和措施,鼓励和支持环境保护技术装备、资源综合利用和环境服务等环境保护产业的发展。"

在环境违法行为处罚方面,新修订的《环境保护法》第五十九条规定了按日连续计罚的严厉措施,改变了过去因"违法成本低,守法成本高"而造成的环境治理难以取得实效的状况。

在环境治理信息公开方面,新修订的《环境保护法》设专章(第五章)规定了公众的知情权,要求政府部门和重点排污单位有义务公布和公开环境治理的相关信息。

总之,新修订的《环境保护法》既从战略高度确立了中国环境治理的宗旨和原则,又从可行性角度设计了中国环境治理的制度和措施,改变了过去完全依赖政府、忽略社会力量和利益诉求的治理模式,从法治化角度理顺了政府、企业等经营者、社会公众之间的环境治理关系。

三、低碳发展下我国环境治理战略的现实考虑

(一)从传统产业到现代产业:低碳经济的客观要求与现实条件

传统产业,也指传统行业,一般界定为以劳动密集型为主的加工制造业。在严格意义上,传统产业作为一个历史概念,并没有形成具体的界定标准,大多用来指称工业化过程中的诸如钢铁、煤炭、电力、建筑、汽车、纺织、轻工、造船等行业。由此可以看出,传统产业的发展主要依赖原材料和劳动力资源,在原材料和劳动力资源极大丰富的条件下,传统产业的发展几乎不需要考虑原材料的消耗成本,也无须面对劳动力成本上升的压力。如果再辅之以供不应求的产品市场,传统产业的发展壮大几成必然。世界各国的工业化过程几乎都带有明显的传统产业的印记,我国计划经济时期以及从计划经济向市场经济转型的前期,经济发展的产业模式中也包括了相当比重的传统产业内容。但是,在传统产业繁荣的背后是资源的低效率利用、能源的过度消耗以及对劳动力价值的压榨。在市场竞争中,传统产业只能以数量大、价格低获取交易机会,难以与以技术和品牌为优势的现代产业相抗衡。

在工业化进程中,以传统制造业为主的传统产业兴起与发展的原因是当时产品的供给不能满足市场的需求,生产者只要考虑如何扩大产量,而无须担心产品的销路,甚至在抬高价格的情况下,产品仍能销售出去。

这使传统产业的粗放式低效率生产成为可能。我国在计划经济时期,虽然客观上存在产品的供给与需求,但这种供求关系不是由市场调节的,市场在资源配置方面不起作用,长期处于卖方市场状态。在这种情况下,生产者既不需要考虑产品的技术进步和消费需求,也不需要考虑降低能耗、节约成本,导致经济发展一直运行在低端模式。随着改革开放政策的实施以及经济运行模式由计划经济向社会主义市场经济体制的转变,产品的供求关系发生了逆转,卖方市场被买方市场取代。在买方市场下,降价促销是生产者惯常采用的销售方法,这会导致生产者产品利润率下降,甚至会出现零利润的情况。降价促销的不断加剧导致生产者优胜劣汰,多数中小企业经营日益困难,这在客观上要求生产者提升自身素质、强化技术研发、降低成本和能耗,从而促进了传统产业向现代产业的升级转型。

经济形态从卖方市场转变为买方市场,客观上要求生产者必须从单纯注重以产量为表征的生产模式转型为注重以技术研发以及"销售+服务"为特征的品牌经营模式。同时,经济形态的转变带来如下变化:原材料成本和劳动力成本呈线性上升;市场竞争加剧;消费者的消费要求提高。这些变化形成一种倒逼机制——生产者应当生产成本耗费少、科技含量高、节能环保的产品。这也是现代产业所呈现的基本特征。

从中国产业经济发展的进程看,以生物工程、新能源、数字网络技术等为代表的现代科技在农业、工业和服务业中被广泛应用,而且其表现出的作用日益重要。这是现代产业发展的现实条件之一。与此同时,买方市场逐渐取代卖方市场,不仅以服务业为主体的第三产业得以迅猛发展,而且现代农业和现代工业也强化了其服务要素,服务业超越农业和工业成为三大产业中最大的模块。这是现代产业发展的现实条件之二。经济发展带来的价值选择变化,要求法律制度和国家政策转型跟进,即通过立法和政策调整制定并实施符合经济发展要求的政策法律。这是现代产业发展的现实条件之三。

(二)从金融扶持到税收减免:我国环境治理的宏观经济政策

如果说,传统产业向现代产业的发展是我国环境治理战略实施的内在动力和重要前提,那么,制定和实施从金融扶持到税收优惠等相对完善的宏观经济政策是推动经济发展模式从高能耗、高污染、低效率向低能耗、低污染、高效率转型的外在保障和促进力量。传统的金融政策以及金融行业的发展战略都倾向性地对融资单位的规模等级进行了划分，并以此确定融资的优先序列，从银行信贷到债券发行，莫不如此；而且在界定融资单位的规模时又往往把生产能力作为重要衡量指标予以考量，相对忽视能源耗费、污染及其治理状况等指标。也就是说，其指标体系中很少包含环境治理因素。此外，我国的税收政策虽然较多考虑了节能环保、高新技术、资源综合利用等方面的减免税指标，但对于小型微利企业来说，这些指标的作用不明显。因此，小型微利企业从发展伊始就把规模作为发展战略的重心予以考虑，从而忽略了环境治理和资源利用效率。

绿色经济是我国环境治理的基本目标，但发展绿色经济需要对绿色行业进行巨大的投资。据《构建中国绿色金融体系》一书中的研究数据，在未来 5 年，我国每年需要对绿色行业最低投资 2 万亿元人民币才能达到国家生态环境部宣布的环境目标，而政府对绿色行业财政投入的占比仅为 15%，由此产生的投资缺口则需要金融部门的大力支持，即需要充分发挥金融部门的资金融通功能。在战略意义上，政府可考虑批准设立政策性绿色银行或发行专项绿色债券，以解决绿色行业的融资问题。此外，在信贷、债券发行、企业上市等方面，建议政府将小型绿色产业纳入相对优先序列，以促进其快速发展。

《中华人民共和国企业所得税法》规定的节能节水、综合利用资源以及环境保护等方面的税收减免优惠政策，对企业节能减排和治理污染具有积极的引导作用，取得了一定的效果。但从战略层面看，税收优惠政策的实施缺乏持续性依据支持，应当引入环境部门跟踪评价机制。也就是说，企业如果期待获得税务部门核定的减免，则首先应当获得环境部门的数据支持。这需要税务部门和环境部门联合行动，改变过去各自独立执法导致政策偏离预期目的的情形。

此外，在我国环境治理中，小型微利企业是一个不容忽视的污染源，但既往税法针对小型微利企业的税收优惠仅仅考虑了小型微利企业的规模，而未从环境治理层面考量小型微利企业对环境治理的影响。因此，从环境治理战略看,小型微利企业应先通过环境部门的企业行为环境评估,然后才可以获得税收优惠带来的利益。

(三) 从"放水养鱼"到财政专项支持:我国环境治理战略实施的先决条件

我国环境治理战略实施的先决条件是必须保证环境治理的财政投入。从国际经验看,当污染治理投资占 GDP 的比例为 $1\%\sim1.5\%$ 时,环境污染才能基本被控制;比例为 $2\%\sim3\%$ 时,环境质量才能够被改善。1977 年,美国的环境保护投资占 GDP 的 1.5%,到 2000 年,该比例达到 2.6%。我国 2011 年的环境保护投资总额约为 6 592.8 亿元,占 GDP 的比重约为 1.4%,但我国的环境保护投资来源比较单一,即主要是中央财政投入。

环境保护投入不足将导致环境治理经费紧张。在环境治理方面,治理经费不足会拉长治理期限,出现"旧账未清,又添新账"的困境,环境状况难以显著改观。在基层环境执法方面,财政经费不足将导致诸如执法人员不足、交通工具欠缺、设备无法装配到位等迫在眉睫的问题。1982 年,国务院颁布《征收排污费暂行办法》,该办法规定对企业排放工业"三废"征收排污费,并将其作为环境保护补助资金纳入财政预算,由环境部门和财政部门统筹安排,用于补助重点排污单位治理污染源以及环境污染的综合性治理。此后,国务院在 1988 年和 2003 年又分别颁布了《污染源治理专项基金有偿使用暂行办法》和《排污费征收使用管理条例》,对我国的排污收费制度进行了修订和完善;2018 年颁布实施的《中华人民共和国环境保护税法》规定对排污企业开始征收环境保护税。同时,考虑到税费改革的平稳过渡,在征收规模和税负负担上,环境保护税与以往征收的排污费总额大体相当。根据财政部发布的数据,2019 年上半年环境保护税的税收总额为 114 亿元。

环境治理是一项系统工程,涉及环节多、治理周期长,客观上需要制定具体的治理方案,并分阶段、分步骤地实施。由于环境治理经费不足,环保部门(尤其是基层环境执法机构)通过征收排污费和罚款补贴治理经费成为的无奈选择。由于排污收费和罚款行为本身的不可预期性和不确定性,环境治理工作时断时续,难以统筹安排。因此,建立以预算为核心的环境治理财政专项支持系统,摆脱依赖罚款进行环境治理的窘境,是环境治理战略实施的先决条件。以预算为核心的环境治理财政专项支持系统包括预算收入、预算支出和预算监督管理三部分。预算收入的来源主要包括环境保护税、环境公债以及财政专项转移支付,排污费和罚款可作为预算收入的补充。预算支出的主要部分是环境治理项目实施经费,需要环境执法部门以项目为中心进行可行性设计和论证,细化治理经费开支,在程序上争取获得预算监管部门的认可。预算监督管理是指财政部门和审计部门分别依据财政规则和审计规则对环境执法部门的经费使用情况进行监督管理,并把监督的结果定期向社会公开。

(四)从"事不关己"到公众参与:我国环境治理的社会化运动

从环境治理的进程看,我国环境治理的战略思路经历了从"是否需要治理"到"如何治理"再到"由谁治理"的转变。第一次全国环境保护会议后,我国环境治理工作正式启动,政府出台了一系列的政策法律,如2015年开始实施的新《环境保护法》,改变了以往单向度的行政环境治理模式,并以法律形式确定了政府、企业和社会公众等环境治理主体的法律地位。

从1994年淮河水污染事件、2004年沱江重大水污染事故以及近年来的大气污染、水域污染和固体废弃物污染事件来看,社会公众对环境污染的关注存在着经济环境视域和生活环境视域两大迥异视角。在企业内部,企业出于降低成本的考虑,噪声、粉尘、有毒气体充斥着车间;在企业外部,出于经济效率的考虑,污水、废气、不具有经济价值的废料不经处理即随意排放。相对于对经济环境的高度关注,社会公众对生活环境的关注度相对较低,除了极少数情况下会因为环境污染对生活环境造成影响而有所行动,绝大多数情况下公众则表现出"事不关己"的消极态度,也没有提出因生活环境受环境污染影响而倒逼经济环境的要求。

社会公众消极对待环境污染问题是因为其过度关注经济环境中的成本收益而相对忽视生活环境中的投入产出利益,以及环境效益中的外部性问题。企业乃至公众个人在从事与环境有关的经济行为时,环境成本被刻意忽略,尤其在涉及环境违法行为时,在环境投入成本与违法罚款、预期获得的经济利益与违法行为造成的环境损失以及经济效益与治理污染投入的巨大成本之间,往往存在非对称的利益格局关系。因此,在战略意义上,公众参与制度的真正实施,首先,应界定明确而清晰的、分层次的环境产权,可考虑在环境产权归国家和集体的情况下,将环境占有权、环境使用权、环境收益权等权能归社会公众所有;其次,应厘定基于环境产权的可期待的环境利益,如垃圾分类、秸秆还田或回收等应有利益激励措施;再次,应加大环境影响评价制度的公开力度,一方面通过传统媒体和现代网络扩大环境影响评价的广度,增加受众基数,另一方面要拓展环境影响评价的深度,改变过去笼统介绍基本信息的做法,把与环境有关且社会公众关心的问题具体呈现出来。

环境治理战略作为环境治理的顶层设计,需要容纳诸如中央政府和地方政府、企业、社会公众等各利益相关者的共同参与。

四、我国环境治理结构的革新

(一) 我国环境治理结构的发展演变

中共十一届三中全会以来,我国经济的发展先后经历了以公有制为核心的计划经济时期、以公有制为主体的有计划的商品经济时期以及多种经济混合的市场经济时期。同时,我国环境治理模式及其环境治理结构也发生了相应的嬗变与革新,即经历了与政府管制模式、市场自治模式和协同治理模式相对应的治理结构变迁。

1. 政府管制模式及其评析

我国环境治理的开端是1973年第一次全国环境保护会议所确立的环境保护方针以及该次会议形成的《关于保护和改善环境的若干规定》。第一次全国环境保护会议所确立的"全面规划、合理布局、综合利用、化害为利、依靠群众、大家动手、保护环境、造福人民"环境保护三十二字方针是国家开展环境保护工作的总体思路,而该会议通过的《关于保护和改善环境的若干规定》强调经济发展要与环境保护统筹兼顾,确立了"同时设计、同时施工、同时投产"的"三同时"制度,启动了通过政府管制进行环境保护的环境治理模式。

1973—1984年,中共十二届三中全会召开前,我国经济发展模式表现为以社会主义公有制为核心的计划经济,经济发展和环境保护战略的贯彻实施主要由中央政府制定方针政策和制度措施,并经中央政府—地方政府—企业予以落实。如果说1973年之前国有企业的主要任务是单纯地落实国家的生产任务并发展社会主义公有制经济,那么在第一次全国环境保护会议之后,国有企业在完成经济任务指标的同时开始肩负起环境治理的重任。1974年,国务院成立了环境保护领导小组,作为唯一的环境保护机构,其主要职责是落实国家关于环境保护的计划,制定环境标准和环境保护计划、规划,统一管理全国的环境保护工作。1979年颁布的《中华人民共和国环境保护法(试行)》(以下简称《环境保护法(试行)》)在环境保护的组织结构设置方面,重点界定了国务院环境保护机构的职权;对于省级环境保护局,要求其发挥"传送带"作用,即检查、督促所辖地区内各部门、各单位对国家环境保护的方针、政策和法律、法令的执行;对于根据需要设立环境保护机构的国务院和地方各级人民政府的有关部门、大中型企业和有关事业单位,仅笼统界定其职责仅为负责本系统、本部门、本单位的环境保护工作,而没有明确其具体的权限。

在《环境保护法(试行)》中,关于环境治理结构的法律预设存在两个必要的前提条件:一是在组织结构体系中,中央政府与地方政府之间、政府的环境保护部门与其他政府部门之间、政府与企业之间具有同向性的利益诉求,它们在环境治理方面能够齐心合力,不存在战略性的矛盾与冲突;二是在空间结构方面,环境治理的地域性和空间性与行政区划的设置存在统一性,纵向分层设置的政府对企业的管理在环境治理方面不存在治理权限的冲突和障碍,环境治理的效应不存在外溢性。

1984年,中共十二届三中全会通过的《中共中央关于经济体制改革的决定》明确指出,我国的社会主义经济是在公有制基础上有计划的商品经济。国家经济政策转型的具体思路为:一是按照等价交换的要求和供求关系的变化,通过价格体制改革来调整不合理的比价;二是改革政府和企业的关系,实行政企职责分开,扩大企业自主权,增强企业活力。该项改革的目的是解放和发展生产力,但在环境治理方面,这些改革措施客观上弱化了环境治理机构功能的发挥。一方面,企业经营的自主性意味着政府(尤其是地方政府)对企业管理和干预的权力存在一定程度的削弱,因为《环境保护法(试行)》在政府管制方面具有可行性并被落实的规定是征收排污费制度,而企业为追求利润的最大化会降低环境治理方面的成本或者在加大企业生产的同时并没有加大对环境治理的投入;另一方面,20世纪 80 年代初期,中央政府与地方政府之间的财政收入分配和管理模式由原来的"统收统支"模式变革为"财政包干,分灶吃饭"模式,即地方政府在获得财政收入方面具有了一定的自主性。这导致地方政府在贯彻执行中央政府方针政策和制度措施方面存在博弈行为。另外,作为环境治理主要对象的企业面临着部门管理、行业管理和地域管理的多重管辖。这虽然在形式上保证了企业能够自觉执行国家关于环境治理的方针政策和制度措施,但由于政府相关部门、行业主管部门和地方政府对国家政策的理解不一致,为企业在环境治理行为上获得了博弈机会和博弈空间。

鉴于此,1989 年公布施行的《环境保护法》一方面明确了县级以上地方政府在环境治理方面的职责和权限(如制定地方环境补充标准、对污染物排放企业的现场检查权和对环境违法行为的行政处罚权等),另一方面对于地方政府之间环境治理权限的冲突进行了规定,即跨行政区的环境污染和环境破坏的防治工作由有关地方人民政府协商解决,或者由上级人民政府协调解决。

环境治理的政府强制模式来源于管制经济学。管制理论把政府管制视为从公共利益出发,对"市场失灵"下发生的资源配置的非效率和分配的不公进行调解与纠正的过程。该理论认为,加强政府的管制是必要的,其能够高效实现对公共事务的管理以及对公共利益的有效整合、维护和分配。① 管制经济学学者认为,环境问题的核心是公共利益问题,而公共利益的维护需要借助于非私益主体(主要是政府)的行动才有可能具有效率。例如,根据斯蒂格利茨的理解,政府干预是政府以管理者的身份,通过税收、强制、处罚等一系列措施,对生态环境问题进行干预,以实现生态平衡、环境优化等政府预定的目标。②

"命令—控制"模型是环境治理的政府管制模式惯常采用的环境治理

---

① 谭九生.从管制走向互动治理:我国生态环境治理模式的反思与重构[J].湘潭大学学报(哲学社会科学版),2012(5):28.

② 田千山.几种生态环境治理模式的比较分析[J].陕西行政学院学报,2012(4):52-57.

模型,其核心部分是环境标准的广泛制定和实施。20 世纪 60 年代以来,诸如欧洲、日本、美国等环境先行者制定和实施了数量庞大的环境标准,在环境治理方面,"命令—控制"模型政策已形成了一个庞大的政策体系。[①] 半个世纪以来,采用和实施"命令—控制"模型政策国家的环境污染程度显著降低,环境生态平衡得以有效恢复。因此,作为一种被认为相对有效的治理模式,"命令—控制"模型政策被越来越多的国家采用,以应对日益严峻的环境问题。

但是,"命令—控制"模型政策的实施也存在一定的问题。首先,政策工具的有效性取决于中央政府和地方政府之间以及各地方政府之间的一致行动,但各地经济和社会发展的不平衡性是一致行动的最大障碍。以欧洲共同体为例,虽然各成员国一致行动是环境治理的基本要求,但鉴于各成员国社会经济发展水平存在较大差异,欧洲共同体的环境行动计划难以在所有成员国得到同程度的遵从。其次,政策工具的有效性取决于环境政策的公平对待,而各国在制定和实施环境政策方面的特殊化造成了环境政策实施的不公平后果。例如在美国,环境政策的制定和实施受其他产业政策的影响较大,这在客观上造成了其环境政策宽严不一的效果。一方面,美国通过制定和实施钢铁行业的环境标准,有效降低了钢铁行业对环境的污染;另一方面,美国在农业领域制定和实施的环境标准则相对较低,如其在 2016 年核准在农业领域使用的 374 种有效成分中,有72 种在欧盟遭到禁止。最后,也是最重要的,环境标准的制定和实施固然会增加企业的环境成本,降低其可期待的经营收益,但这种代价应该是企业可接受的,否则企业就会顶着违法的风险而置环境标准于不顾。美国的钢铁工业在 1974—1995 年经历了一场衰退,钢铁生产量下降了 58%,即使考虑到美国钢铁工业的海外转移,这种下降也是显著的,其原因可能是环境管制。据对钢铁行业的测算,企业的环境成本每增加 1 美元,企业的边际总成本将增加 10～11 美元。因此,政府的环境管制不仅要考虑政策实施对环境治理的正面效果,还应当衡量对企业造成的负面效果。尤

①　罗小芳,卢现祥.环境治理中的三大制度经济学学派:理论与实践[J].国外社会科学,2011(6):67-68.

其是对于钢铁、石油、煤炭、火电、造纸、水泥等大多数传统产业而言,环境管制带来的不仅仅是转型的阵痛,而是难以承受的危机。

因此,即使出于政绩考虑,政府管制型环境治理模式必须基于这样一种过程——利用市场的力量催化自愿贴上"绿色"标志企业的生发与成长,并呵护其发展与壮大。

2. 市场自治模式及其评析

1993 年,中共十四届三中全会通过的《中共中央关于建立社会主义市场经济体制若干问题的决定》进一步革新了中国经济发展的战略模式,提出建立以公有制为主体、多种所有制经济共同发展的社会主义市场经济体制。该项战略性改革包括两方面主要内容:一方面建立适应市场经济要求的,产权清晰、权责明确、政企分开、管理科学的现代企业制度,进一步转变国有企业的经营机制,提升企业的经营效率;另一方面培育和发展统一、开放、竞争、有序的市场体系,实现城乡市场紧密结合以及国内市场与国际市场相互衔接,促进资源的优化配置。

为了建立与社会主义市场经济体制相适应的财政管理体制,理顺中央政府与地方政府之间的财权与事权关系,国务院于 1993 年出台的《关于实行分税制财政管理体制的决定》明确了中央政府与地方政府财权与事权的划分,从体制上解决了中央政府与地方政府长期存在的财权与事权不清的问题。此外,通过分税制改革,中央政府获得的财政收入显著提高,地方政府可支配的财政收入(税收)相对明显萎缩。

在环境治理方面,1993 年实施的社会主义市场经济体制转型改革要求建立政府和企业职责分开的现代企业制度。这进一步弱化了政府对企业的行政管理权,导致政府控制企业进行环境治理的机制从根本上被改变。同时,分税制改革又导致地方政府税收收入锐减,地方政府迫切需要通过发展本地经济来恢复和弥补地方政府的财政收入。因此,在经济发展与环境治理以及经济效率与社会公平之间,地方政府的行为大多被贴上"效率"这一标签,尤其在各地方政府间经济发展竞争日益加剧的情况下,既有的环境治理结构难以实现其预定的功能。在权力和职责方面,《环境保护法》要求各县级以上政府负责管理本行政区域的环境保护工作,但在市场经济模式下,各地区"单兵作战"的治污模式是无效的,只有各地区合作治污才能有效解决污染治理中投入不足的问题。① 或者说,经济发展模式的市场化客观上要求改变过去环境治理单一纵向的政府管制模式,并启动环境治理市场化的尝试。

环境治理的市场调控模式以自由主义经济理论为分析框架。经济自由主义者虽然不否认环境问题的公共性,但他们一方面把环境问题作为经济问题看待,另一方面却对通过政府管理解决经济问题秉持消极态度。因此,在排除政府干预的情况下,环境治理的市场调控模式旨在通过产权界定把生态环境这一公共物品私权化,以产权交易方式实现环境资源优化配置,并以此促使市场主体进行技术革新,合理开发环境资源,并最终实现环境问题的有效治理。

环境治理的市场调控模式倡导环境治理市场化。从狭义上看,该模式把环境问题交给市场而不是政府来解决,其中心策略是发展环境产业,即通过发展环境工业、环保工程与软件服务以及自然资源保护产业,以经济手段来解决生态改善以及自然资源保护等问题;从广义上看,该模式把环境产业扩展到可能影响环境的所有产业,即通过对与环境治理有关的市场主体的环境影响分级,以市场手段选择利于环境优化的市场主体,淘汰不利于环境优化的市场主体,通过市场自发的优胜劣汰完成环境问题的源头治理。

在理论意义上,环境治理的市场调控模式具有一定的合理性。这是因为内生问题应当用内生手段来解决,环境治理市场化有助于从根本上解决伴随经济发展逐渐累积的环境问题,而政府作为一种外生变量,无论其环境治理手段和措施是严厉抑或宽松,都不可能从根本上改变经济发展的内生趋势。但在现实中,环境治理的市场调控模式运行的前提是环境价值在市场决策中具有无可替代的重要影响这一经济发展趋势的客观存在,市场主体必须把环境成本和环境收益纳入市场决策和市场行动中,否则会导致市场决策失真、失效并有可能产生与决策目标相反的后果。因此,尽管这一模式在理论上可以解决外部不经济问题,但在现实中,由

① 赵玉,徐宏,邹晓明.环境污染与治理的空间效应研究[J].干旱区资源与环境,2015(7):46.

于生态环境作为公共物品具有非排他性和非竞争性的特征,该模式可能导致"搭便车"现象比比皆是。[①]

就我国目前的情况来看,环境产业受需求制约而存在企业规模结构和产品结构双重不合理的现象;受产品技术含量低、自动化程度低、稳定性差以及成本偏高的制约而仍然存在以常规技术为主导、难以满足市场真实需要的现象。同时,污染成本低、治理成本高导致市场的"无形之手"在环境产业发展中失灵。由此可见,环境产业发展所需要的社会环境条件并不完全具备。因此,从环境产业、环境工程和资源保护产业的发展现状来看,我国环境治理的市场化仍处于初始阶段,尚未形成影响市场决策的主导性力量。

3. 协同治理模式及其评析

协同治理来源于公共管理理论和实践的创新,经由政府管理、社会治理逐渐演变为以"公共事务公共管理"为基本理念的"多元共治""复合治理"和"多中心治理"。在公共管理理论中,协同治理被定义为政府、社会组织、社区单位、企业、个人等所有利益攸关者共同参与、协同行动的过程。[②] 在公共管理理论中,权力和权利能够相互协调,政府与社会能够彼此合作,存在公平有效的公共选择和公共博弈,公共事务的利益相关方能够共同参与、共担责任、共享利益,政府与民间组织能够良性互动、分工协作,是实现公共事务管理协同治理的先决条件。环境治理是公共治理的一个具体领域,要改变过去在环境治理中普遍存在的地域分割、部门分割、条块分割问题,环境治理必须走向"多元共治"的协同治理路径。

在经济市场力量日益壮大并能够在资源配置方面发挥基础性作用的条件下,2013年,中共十八届三中全会通过了《中共中央关于全面深化改革若干重大问题的决定》,要求相对彻底地界定政府的"有形之手"和市场的"无形之手"发挥作用的区间,强调市场调节在经济发展中的基础性作用。此外,市场经济发展、政府放松管制和环境问题的日益突出聚合激发了社会公众关心环境、关注环境问题的意识。随着工业化的推进,社会公

---

① 肖建化,赵运林,傅晓华.走向多中心合作的生态环境治理研究[M].湖南:湖南人民出版社,2010:18-20.

② 燕继荣.协同治理:公共事务治理新趋向[J].学术前沿,2012(24):58-62.

众的消费模式从被动接受开始转型为主动选择。在环境治理方面,随着环境意识的不断提高,社会公众利用商品购买选择权开始倒逼企业更加重视生产经营中的环境治理问题。由此,我国环境治理结构因经济基础的变迁而走向政府、市场、社会公众多主体共治的协同治理模式。

协同治理模式的出现缘于市场调节、政府管制及企业自觉等环境治理模式在实践中存在的缺陷和不足。一方面,囿于当时的环境治理条件和经验,单独一种治理模式虽然能够取得短期或某一方面的治理效果,但从总体上看却往往难以真正有效地解决环境问题;另一方面,坚持采用某一种治理模式的国家也逐渐开始吸收和借鉴其他治理模式的成功经验来弥补自身治理模式的短板。因此,这种治理模式的交叉和混同促使环境协同治理模式开始登上历史舞台。

环境治理的协同治理模式基于以下三点共识:其一,环境治理以维护良好环境这一社会公共利益为价值取向,无论市场调节模式、政府管制模式还是企业自觉模式,其追求的价值目标都应当统一到社会公共利益问题上;其二,实现和维护社会公共利益属于公共财政问题,环境治理问题从本质上看亦应属于财政问题,税收和补贴作为公共财政的工具和手段,在环境治理方面应当发挥不可替代的重要作用;其三,公共财政的运行方式从传统的"公共部门生产—公共部门供给"发展到现代的"私营部门生产—公共部门供给",公私合作是公共财政发展的必然趋势,而环境治理的发展趋势也表现为以政府和企业相互信任为基础的公私合作模式(public-private partnership,PPP)。

从实质上看,环境治理的不同模式对应于环境治理的不同的权力配置。环境治理的市场调控模式排斥环境治理领域的公权力渗透,希望利用私权配置和私权交易解决环境问题;环境治理的政府管制模式过于放大了环境治理中市场失灵的效果,对通过市场自发调节解决环境问题持不信任和怀疑态度;环境治理的企业自觉模式既不放心市场发出的现有信号,也不相信政府现有政策的连续性,只能从自身进行风险规划、风险识别和风险控制;而环境治理的协同治理模式要求各参与主体相互信任,并在环境治理过程中分权协同。因此,环境治理模式,或者说环境治理结构问题,实际上是环境治理过程中权力的配置与行使问题。

（二）我国环境治理结构革新的机理分析

1. 环境治理结构的法律预设

无论发达国家还是发展中国家，就现阶段而言，环境治理问题实质上都是财政问题。无论采用市场调控模式还是采用企业自觉模式，以税收和补贴为工具的财政手段都发挥了不可替代的作用，更遑论政府管制模式下政府在环境治理行动中所扮演的重要角色。但更深层次的问题是，环境治理的权力如何在政府间配置。这不仅是联邦制国家需要解决的问题，也是单一制国家所无法回避的问题。例如，成立于1970年的美国国家环保局，其组织结构最初被设计成将所有污染控制规范制定权都集中在一个联邦机构内，但这种综合型的管理模式并没有被真正实施。基于联邦环境立法，美国授权各州设立州环境执法机构，独立于国家环保局执行各州环境法。但各州环境执法机构在法律上与国家环保局也存在一定的关联，一方面，联邦法律规定，各州环保局经国家环保局审查合格后即应被授予执行和实施环境保护的法律的权力；另一方面，国家环保局对在自然资源保护和环境污染防治方面执行不力以及在各项环保计划的实行方面不予配合的州，将给予严厉的处罚，而且如果州环保局不能正常履行其职责，国家环保局在必要时可以直接对其进行接管。又如，1971年日本在中央一级层面设置环境厅，专门负责环保政策的制定和环境执法，但从历史上看，日本地方政府的环保执法机构设置要早于中央政府。在环境治理方面，日本地方政府是控制污染的具体实施主体，其凭借丰富的环保经验为中央政府制定全国性的环境政策和法律提供了很多实践依据；中央在制定环境标准时通常会考虑到地方的实际情况，对地方政府在污染防治的政策制定上给予较大的权限。[1]

我国改革开放以来，以"放权让利"为核心的体制改革有效地推动了经济发展和社会进步，"集权"和"分权视角"成为分析我国中央与地方关系的主流范式。[2] 在环境治理机构设置方面，初始的机构设置集中在中央

---

[1] 王丰，张纯厚.日本地方政府在环境保护中的作用及其启示[J].日本研究，2013（2）：28-34.

[2] 张成福，边晓慧.超越集权与分权，走向府际协作治理[J].公共管理与政策评论，2013（4）：6-15.

层面。1972年,我国环境代表团在参加于瑞典斯德哥尔摩召开的联合国人类环境会议上,首次认识到并承认我国存在环境问题。1973年,国务院批准了《关于全国环境保护会议情况的报告》(国发〔1973〕158号)及其附件——《关于保护和改善环境的若干规定(试行草案)》,并于1974年成立了我国历史上第一个环境保护机构——国务院环境保护领导小组,规定由其负责统一管理全国的环境保护工作。1979年颁布的《环境保护法(试行)》授权国务院设立环境保护机构,贯彻并执行国家关于保护环境的方针、政策、法律、法令以及拟订环境保护标准,并指导国务院所属各部门和各省、自治区、直辖市的环境保护工作。此外,该法还授权省级政府设置环境保护局,其主要职责是检查督促所辖地区内各部门、各单位执行国家环境保护的方针、政策、法律、法令以及拟定地方性环境保护标准和规范。1989年颁布的《环境保护法》明确授权国务院环境保护行政主管部门对全国的环境保护工作统一实施监督管理,授权县级以上地方人民政府环境保护行政主管部门对本辖区的环境保护工作统一实施监督管理。在环境标准制定方面,《环境保护法》明确由国务院环境保护行政主管部门制定环境标准和污染物排放标准,省级政府可以对国家环境质量标准和污染物排放标准中未做规定的项目制定地方环境质量标准,并报国务院环境保护行政主管部门备案。2015年开始实施的新《环境保护法》进一步明确授权县级以上地方人民政府设置环境保护主管部门,对本行政区域内的环境保护工作统一实施监督管理。从1979年的《环境保护法(试行)》到2015年的《环境保护法》,我国在环境治理权力配置方面体现出从中央政府到省级政府再到县级政府这种梯次授权并不断下放权力的格局。比较遗憾的是,2015年开始实施的新《环境保护法》仅规定环境保护行政主管部门管理环境保护工作并对本级政府负责,但并未对环境保护行政主管部门与其他同级行政部门的关系进行明确界定。

2. 我国环境治理结构的传统设置及其运行状况

自1972年以来,虽然我国政府已开始认识到环境问题并立即采取相应的环境治理措施,但环境问题的发酵速度远超政府认识提升的水平。在过去的四十多年间,环境问题(尤其是环境污染问题)从点污染扩展为点污染与面污染并存,从独立区域污染蔓延到长距离跨界污染,从单纯的工业污染发展到工业与生活污染并存,而且环境污染引发的生态问题对经济和社会的影响日益严重,导致我国环境治理的对象表现出复杂化、整体化、系统化特征。因此,虽然我国环境治理取得了一定的成绩,但受职权和现有治理条件所限,总体效果并不尽如人意。

自 20 世纪 70 年代以来,我国颁布并实施了诸如《环境保护法》等基本法以及《中华人民共和国大气污染防治法》(以下简称《大气污染防治法》)、《中华人民共和国水污染防治法》(以下简称《水污染防治法》)、《中华人民共和国环境影响评价法》(以下简称《环境影响评价法》)等专门法律法规,并授予环境行政主管部门广泛的环境治理权力。在环境问题日趋严重的情况下,环境行政主管部门可以说是重任在肩。但是在环境治理实践中,一方面,环境行政主管部门没有明确和细化其专有职能,社会公众以极高的期待把环境行政主管部门"绑架"为一个全能的角色,把环境执法问题、环境技术问题和环境治理问题全部推给环境行政主管部门处理,导致环境行政主管部门行动乏力和不堪重负;另一方面,环境行政执法部门并不完全具备执法条件,虽然我国在环境治理方面的财政投入逐年增加,但与经济发展的增速相比,财政投入明显不足,省级和市级环境行政主管部门普遍存在设备陈旧、技术落后、人员紧张的状况,而相当一部分县级环境治理机构更是面临无编制、无机构、无专业人员、无专用设备和无专项经费的"五无"窘境。同时,过去遵循经济发展先行的发展理念所构建的"先污染,后治理"的环境治理思路留下了庞大的历史欠账,在屡屡爆发的环境事件面前,环境执法机构只能充当"救火队员"角色,难以对环境污染进行源头治理。

3. 环境治理权力(权利)的解构

依据新修订的《环境保护法》,在环境治理方面,环境行政主管部门主要被授予以下七项权力。一是环境治理的财政投入权。新《环境保护法》明确要求各级政府加大环境治理的财政投入,提高财政资金的使用效益。二是环境标准和污染物排放标准的制定权。新《环境保护法》授权国务院环境行政主管部门制定环境标准和污染物排放标准,允许省级地方政府制定严于国家环境标准和污染物排放标准的地方环境标准和污染物排放标准。三是环境影响评价的实施权。新《环境保护法》规定,对环境有影响的建设项目,必须依法进行环境影响评价,未依法进行环境影响评价或环境影响评价未通过的项目,不得开工建设。四是现场检查权。新《环境保护法》规定,县级以上环境保护主管部门及其委托的环境监察机构有权对排放污染物的企事业单位进行现场检查。五是排污许可权。新《环境保护法》规定,对于实行排污许可管理的企事业单位,授权环境行政主管部门依法颁发排污许可证。六是环境信息发布权。新《环境保护法》规定,县级以上环境保护主管部门有权依法公开环境质量、环境监测、环境突发事件等相关环境信息。七是环境违法行为处罚权。新《环境保护法》规定,县级以上环境行政主管部门有权依法对违法排放污染物或超标准排放污染物等环境违法行为采取罚款、责令其限制生产及停产等整治措施。

新《环境保护法》对环境行政主管部门环境治理权力的界定,是我国多年来环境治理方面经验的总结,同时也反映了新常态下环境治理的新需求,具有科学性和现代性。同时,为改变过去单纯依靠政府开展环境治理工作的"一条腿"走路模式,新《环境保护法》同时赋予公民、法人和其他组织环境知情权和环境监督权,赋予符合法定条件的社会组织提起环境公益诉讼的权利,从而在法律上改变了既往仅仅依靠权力进行环境治理的一元模式,形成了权力与权利并存共治的二元治理模式。但是,新《环境保护法》虽然规定了"一切单位和个人都有保护环境的义务",但没有同时界定与之相对应的"环境权利"及其享有主体,因此,环境问题很容易沦为"人人皆知其重要,但又不属于人人"的虚化存在。此外,由于新《环境保护法》的实施时间不长,公民、法人和其他组织参与环境治理还存在一个不断积淀的过程。

总之,我国环境治理经历了从"走过场"到"见实效",从传统的单一环境治理结构到政府主导、非政府组织呼应、公众参与的全方位环境治理结构的过程。

(三)基于环境协同治理模式的环境治理结构分析

在制度竞争中,市场调节、政府管制和企业自觉等环境治理模式最终趋同化地走向环境协同治理,但环境协同治理模式客观上也需要吸纳其他环境治理模式的优点,取长补短。参照世界上其他国家环境治理的成功经验,结合环境治理中存在的问题,我国环境协同治理模式需要重点构建以下治理机制结构。

1. 以市、县级环境治理机构为中心建立多部门联动机制

我国环境治理结构的法律预设以突出中央政府集中管理为基本思路,同时强调了省级政府的"传送带"作用,具体的环境治理任务则由县级以上政府及其环境行政主管部门承担。新修订的《环境保护法》明确授权县级以上政府监督管理本行政区域内的环境保护与污染防治工作,授予县级以上政府环境行政主管部门对排放污染物的企事业单位现场检查的职权和对环境违法行为的行政处罚权,从法律上明确了县级以上政府(尤其是市县级政府)的环境治理权力。

首先,环境协同治理模式要面对的是解决"公共地悲剧"问题。"公共地悲剧"充分说明了由于产权界定不明而导致低效率治理的问题,对环境要素的所有权、使用权界定不清将会导致环境质量不断恶化,环境问题日益严重。[①] 为了避免在环境问题上出现"公共地悲剧",一是确立环境等公有产权的责任体制,明确具体的责任承担者,避免出现滥用公共财产和公共资源而无人负责的情况发生;二是维持利益驱动结构的平衡,通过与市场合作,探明环境资源成本与收益的利益平衡点,解决经营市场化和环境资源公共化之间的背离问题;三是界定环境产权并维持其使用权、经营权和所有权等组合结构的平衡,从根本上阻止超载放牧、滥砍盗伐、掠夺资源、乱抛垃圾等环境有害行为。其中,最为关键的是对环境和资源产权的界定,这项职责理应由政府承担。中共十八届三中全会通过的《中共中央关于全面深化改革若干重大问题的决定》明确提出,要健全自然资源产权制度和用途管制制度,形成归属清晰、权责明确、监管有效的自然资源资产产权制度。在环境治理分层管理模式下,县、市级政府是主要的产权界定和用途管制主体,但是,县、市级政府同样存在因职能划分而产生的条块分割问题。在环境行政部门之外,还有与环境治理存在着或多或少关联的诸多其他部门,如财政、税务、商务、国土、水利、工商、审计等。如何协调好环境行政部门与其他部门的关系,将成为能否最终解决"公共地悲剧"问题的关键。

其次,政府在环境协同治理中的另一项职责是与企业合作,寻找政府

---

① 周学荣,汪霞.环境污染问题的协同治理研究[J].行政管理改革,2014(6):33-39.

与企业共赢的有效区间。在环境治理和污染防治方面,企业行为是影响环境治理效果的重要因素,对排污者收费、对环境违法者处罚等环境治理事后处理方式,往往带来"双败"后果。在环境治理方面,日本地方政府的做法值得借鉴。日本地方政府在国家和企业之间起着承上启下的作用,地方政府向上担负着贯彻和执行中央有关环境政策的任务,同时向下紧密联系各个企业。① 一方面,日本政府将具有专业技术水平的人员派驻到企业中,连续性地监测企业的排污情况;另一方面,日本建立了严格的环境责任追责制度,通过罚金、对受害者的赔偿费、被污染环境的治理费用等形式,以不采取污染物治理措施即要承担高于采取措施成本代价的制度安排,迫使企业自觉主动地配合政府进行环境治理。另外,为保证企业有能力处理污染问题,地方政府以资金援助、税收减免、技术指导等方式支援企业的能源环境改善项目或加大研究开发节能的力度。②

最后,以市、县级环境治理机构为中心建立多部门联动机制,是在实现环境协同治理模式中发挥政府主导作用的关键。在环境治理行动中,环境治理事项涉及计划决策、政策解读、信息沟通及违法案件处理等事务,需要环境行政主管部门和所有与治理事项有关联的其他政府部门通力合作。例如,江苏省环保厅联合省高级人民法院、省检察院、省公安厅共同制定的《关于建立实施环境联动执法工作机制的意见(试行)》(苏环发〔2013〕5 号),要求江苏省市、县级政府统一建立环境联动执法联席会议制度、环境联动执法联络员制度和环境违法案件联动办理机制等环境联动执法工作机制,开创了环境治理执法的新局面,解决了在环境执法方面各部门不相协调的问题。

2. 明确公众的环境基本权利

新修订的《环境保护法》把公众参与作为一项原则进行了明确界定,并具体设置了社会公众环境知情权和环境参与权等制度安排。2015 年 7月,国家环境保护部制定了方便公众参与的《环境保护公众参与办法》,通过宣传、培训、提供便捷的参与通道等形式培养公众的参与意识,提升公

① 王丰,张纯厚.日本地方政府在环境保护中的作用及其启示[J].日本研究,2013(2):28-29.
② 王丰,张纯厚.日本地方政府在环境保护中的作用及其启示[J].日本研究,2013(2):30.

众的参与能力。

一方面,社会公众的参与权和知情权是政府开展环境治理的必要助力。只有让社会公众了解和理解环境治理的必要性和意义,明白环境治理的利害,学会进行环境治理的成本收益计算,才能将社会公众真正吸收到环境治理行动中去,改变过去环境行政部门受到社会公众的冷处理、消极对待(认为与己无关)或被"不明真相的群众"围堵、阻挠等艰难处境。另一方面,社会公众的参与权和知情权又是监督政府开展环境治理工作的重要外力。不可否认的是,现阶段的环境治理是在环境保护和经济发展之间寻求平衡,即强化环境治理必然在一定程度上降低经济发展的速率,追求环境效益将可能损及经济效益。社会公众的知情权和参与权就像无数双眼睛从不同角度对环境治理行动的无数次审视,这在客观上要求政府环境治理部门必须严格执法,任何懈怠和推诿扯皮都将成为社会公众"差评"的理由。

环境志愿者组织是社会公众知情权和参与权的升华,是具有一定环境治理参与能力并对环境治理存在强烈偏好的社会公众的自组织。环境治理公众力量的壮大一方面在于越来越多的社会公众环境意识的觉醒,另一方面在于有参与环境治理意愿的社会公众的组织化。例如,美国、欧盟、日本等环境治理的先行者在环境治理方面所取得的显著效果与环境非政府组织的成立、发展壮大具有密不可分的关系。在我国,成立于1994年的自然之友环保组织多年来陆续开展了绿色希望行动项目、绿地图项目、美境行动项目、低碳出行项目以及绿色调查项目等环保行动,在环境治理方面发挥了不可忽视的作用,成为中国具备良好公信力和影响力的环境非政府组织。有学者研究指出,反响较大的厦门 PX 项目事件、圆明园湖底防渗工程、北京六里屯垃圾处理厂事件、云南怒江建坝之争、金光集团的 App 事件等,都表明了我国社会组织从和风细雨的环境宣传教育者变为公众或者弱势群体利益的"监护人",带来了独立的声音,并在社会体制改革向纵深发展、民主法制建设加快完善的大环境下,彰显出作为环境政策的倡导者和推动者的倾向。①

---

① 彭分文.环保 NGO:公众是参与环境友好型社会建设的生力军[J].湖南行政学院学报,2009(1):23-25.

可以说,把社会公众的知情权和参与权以法律形式界定下来,对于开展环境治理工作具有里程碑式的意义。但显而易见的是,先前环境法学者大力呼吁的将公众环境权写入新修订的《环境保护法》的努力并没有成功,这不能不说是一大遗憾。没有环境权作为基石,参与权和知情权就缺乏必要的支撑,只有让人们"看得见"权利并能够期待权利带来的利益,权利才能得到伸张。

3. 构建不同治理主体的双重责任制

建立政府—市场合作机制,加强政府和企业、市场在环境治理方面的合作,寻求共赢的环境治理效果,是环境协同治理的基本路径。在当前情况下,随着卖方市场向买方市场的转变,市场竞争日趋激烈,企业只有通过不断创新经营方式,提升产品的科技含量,降低原材料成本和能源消耗,才能在市场竞争中谋取一席之地。因此,低碳发展既是环境治理的目标,也是经济新常态下企业经营模式转变的方向。但是,我国发展低碳经济需要解决四大难题。一是目前我国大规模基础设施建设和生活水平的快速提高都具有高碳特征,在保持经济增速的情况下要避免走西方国家牺牲环境求发展的老路。二是在我国的能源结构中,煤炭、石油占比较高,低碳资源相对有限;在电力方面,火电占比 70%,水电仅占 20%,其他如风电、太阳能、核电占比不足 10%。三是我国属于发展中国家,第二产业在经济中占比较重,而采掘、钢铁、建材水泥、电力等工业行业的高能耗尤为突出。四是我国从高碳经济步入低碳经济的技术储备不足,整体技术水平落后,科技研发能力有限。对政府而言,如何解决走向低碳经济的四大难题,是现阶段乃至将来环境治理是否能够真正取得实效的关键所在。政府不能仅仅作为环境行为的监督者和环境违法行为的处罚者,还应当深入了解企业的实际经营状况,在有条件的情况下帮助企业解决经营方式转型的现实困难。同时,企业需要和政府建立通畅的沟通交流机制,预判来自政府行为的宏观风险,争取获得政府对企业经营方式转型的理解、宽容和支持,营造双方合作共赢的新局面。

与此同时,为改变过去"法不治人""法不治众"的侥幸心态,政府和企业在环境治理中应建立常态化、制度化、持续性的合作以及企业负责人和政府责任人双重负责的责任机制,把企业的环境行为与企业负责人和政府责任人的奖惩相关联,奖优罚劣,避免环境治理演变为运动战、走过场而流于形式。

五、我国环境治理制度体系的建构

(一) 我国环境治理制度体系的基本构成与发展、完善

在法治的意义上,我国环境治理宏观战略的实现和中观结构功能的发挥必须有与之相适应的微观机制的效能予以支持,否则,环境治理的宏观战略将失去现实意义,而环境治理结构也只能是一种长期处于失效状态的、空置的存在。

环境治理制度是指为实现环境治理的战略目标,基于环境治理原则而被确立的需要所有环境参与主体都遵守的环境事务处理规程和行动准则。根据制度实现的功能不同,环境治理制度可分为体制性环境治理制度和机制性环境治理制度,前者主要解决环境治理过程中环境治理各参与方权力(职责)和权利(义务)的配置问题,如政府的环境管理权制度和环境违法行为处罚制度、社会公众的环境权制度等;后者是指为完成一定的环境治理任务而设置的行为准则,如环境影响评价制度、征收排污费制度、生态保护补偿制度、污染物集中控制制度等。体制性环境治理制度和机制性环境治理制度都属于环境治理的基本制度。就其功能和作用来说,环境治理制度包括:①界定环境利益相关方基本权利和义务的基本制度,如环境权制度、环境产权制度、环境保护制度等;②弥补其他法律在环境治理方面遗漏的填补性制度,如大气污染防治制度、水污染防治制度、生态补偿制度等;③基于环境问题为干预市场和企业提供法律依据的嵌入性制度,如环境影响评价制度、排污许可制度、污染集中控制制度、"三同时"制度、污染限期治理制度等。就环境治理的过程而言,环境治理制度还包括:①与环境准入有关的环境准入制度,如"三同时"制度、环境影响评价制度、排污许可证制度、污染物集中控制制度、污染限期治理制度等;②与政府财政有关的环境财政制度,如环境税制度、排污收费制度、生态保护补偿制度、环境审计制度等;③与市场有关的环境交易制度,如碳排放交易制度、环境第三方治理制度等。

环境治理制度体系是指为实现环境治理目标而需要在环境治理过程

中贯彻实施的所有与环境治理有关的环境治理基本制度和其他制度构成的有机统一体。从制度产生的法律渊源来看,宪法性法律是环境治理基本制度产生的法律依据,民商事制度是环境治理基本制度实施的重要基础,刑事制度是追究环境违法者刑事责任的主要援引,诉讼制度则是环境参与主体寻求司法救济的主要途径。本书主要分析我国环境基本制度的发展和完善。

污染防治是我国环境治理的发端,以此为目的,我国确立了环境污染源头控制和"污染者负担"原则,以及与该原则相配套的"三同时"制度、环境影响评价制度和征收排污费制度等环境治理制度。在环境治理初期,由于缺乏衡量环境质量的客观标准,环境污染主要表现为点污染,环境污染被迫切发展经济的现实需要所覆盖,人们普遍存在对环境污染的认识不足,而且从现象上看,环境污染似乎并没有直接影响到人们的生产和生活,因此,环境治理制度的构建主要以预防为主。

"三同时"制度是由我国创设的制度,也是我国环境治理发展进程中最早确立的环境治理制度。1973 年,经国务院批准而发布的《关于保护和改善环境的若干规定》要求:"一切新建、扩建和改建的企业,防治污染项目,必须和主体工程同时设计,同时施工,同时投产。"这是"三同时"制度最初的法律渊源。"三同时"制度设置的初衷是督促有排放污染物需求的企业在新建、扩建和改建建设项目时必须与主体工程同时配套建设防治污染项目,是一项具有前瞻性和可操作性的制度。但在该制度运行初期,由于相关法规不完善、环境管理机构不健全、环境监督力量不足,执行该制度的企业的比例不足 20%。此后,《环境保护法(试行)》作为我国第一部环境治理方面的法律,把"三同时"制度作为环境治理的基本制度予以确定,并在 1981 年 5 月由国家计划委员会、国家基本建设委员会、国家经济委员会、国务院环境保护领导小组联合下达的《基本建设项目环境保护管理办法》中把"三同时"制度具体化,并纳入基本建设程序。1984 年,"三同时"制度的执行率上升至 79%;1988 年,大中型项目的执行率达到100%,小型项目的执行率也在 80%左右。

为了防止建设项目对环境产生严重的不良影响,或者通过对建设项目不同实施方案的筛选将建设项目对环境的不良影响降至最低,预见性地对拟建设的工程项目进行事前环境影响评价,是确立环境影响评价制度的动因。环境影响评价制度创立于美国,由 1969 年制定的《国家环境政策法》予以法律化。我国《环境保护法(试行)》规定的"在进行新建、改建和扩建工程时,必须提出对环境影响的报告书"是环境影响评价制度在我国确立的最早法律依据。1986 年颁布的《建设项目环境保护管理办法》进一步明确了环境影响评价的范围、内容、管理权限和责任。环境影响评价制度在执行中存在两方面的问题,一是环境影响评价的标准相对模糊,在实践中难以操作,尤其是在环境治理和经济发展之间存在一定冲突的情况下,环境影响评价制度实施的标准难以界定;二是环境影响评价的对象具有专门性和复杂性,存在定性评价和定量评价相互交叉的问题。《中华人民共和国环境影响评价法》的颁布,在一定程度上为上述问题的解决提供了法律依据。

为了在经济方面促使企业重视环境治理,开展环境污染源头治理,也为了弥补环境治理经费的不足,《环境保护法(试行)》规定了征收超标准排污费制度,即排放污染物超过国家或地方规定的污染物排放标准的企事业单位,依照国家规定缴纳超标准排污费。这是运用经济手段控制污染的开端,也是"污染者负担"原则的基本要求。为了解决排污费征收过程中的法律依据不具体以及排污费使用不规范问题,国务院先后在 1982 年发布了《征收排污费暂行办法》(已废止)、1988 年发布了《污染源治理专项基金有偿使用暂行办法》(已废止)、2003 年发布了《排污费征收使用管理条例》,从法律法规层面上对排污费征收制度进行了完善。

在环境治理的过程中,环境治理主体逐渐认识到环境治理的长期性、复杂性和低效率的特点,因此在确立环境治理制度时,针对治理对象的不同设置了特定化的治理制度,主要表现为限期治理制度、排污许可证制度和污染集中控制制度。

为了贯彻执行"污染者负担"原则,我国在《环境保护法(试行)》中规定了污染物限期治理制度。该制度是指对严重污染环境的企事业单位和在特殊保护的区域内超标排污的生产、经营设施和活动,由各级人民政府或其授权的环境保护部门决定、监督和实施,在一定期限内治理并消除污染的法律制度。《环境保护法（试行）》规定的"一时达不到国家标准的要限期治理"可以看作是这一制度在法律上的正式确立。与其他环境治理制度相比较，污染物限期治理制度的实施对象更为明确：一是位于居民稠密区、水源保护区、风景名胜区、城市上风向等环境敏感区并严重超标排放污染物的单位；二是排放有毒有害物、对环境造成严重污染、危害人群健康的单位；三是污染物排放量大、对环境质量有明显不良影响的单位。

为了实现污染物排放的总量控制，我国规定了排污许可证制度。该制度是指凡是需要排放各种污染物的单位或个人，都必须事先向环境保护部门办理申领排污许可证手续，经环境保护部门批准并获得排污许可证后方能排放污染物。该制度最初通过环境治理专门立法得以确立，即2008年施行的《水污染防治法》规定："直接或者间接向水体排放工业废水和医疗污水以及其他按照规定应当取得排污许可证方可排放的废水、污水的企业事业单位，应当取得排污许可证；城镇污水集中处理设施的运营单位，也应当取得排污许可证。"随后，这一制度被2015年施行的《环境保护法》吸收，进而发展为我国环境治理的基本制度。

为了解决低效率分散处理污染物的状况，我国规定对于可以集中控制的污染源实行污染集中控制制度，即在一定区域，建立集中的污染处理设施，对多个项目的污染源进行集中控制和处理。1996年修正的《水污染防治法》规定："城市污水应当进行集中处理"。这是污染集中控制制度的法律依据。

针对普遍存在的城市建设突飞猛进、地方经济发展日新月异但环境治理相对滞后的状况，我国制定了城市环境综合整治定量考核制度和环境保护目标责任制度，把环境治理设置为衡量城市建设和地方经济发展水平的必要指标，进而不断提升环境治理指标的权重，甚至实行环境治理指标"一票否决"，其目的在于督促城市管理者和地方政府更加重视环境治理问题，并采取有效措施治理污染，改善环境。

城市环境综合整治定量考核制度确立的基本思路是把城市环境作为一个系统、一个整体，运用系统工程的理论和方法，采取多功能、多目标、多层次的综合战略、手段和措施，对城市环境进行综合规划、综合管理、综合控制,以最小的投入换取城市质量优化,做到经济建设、城乡建设、环境建设同步规划、同步实施、同步发展,从而使复杂的城市环境问题得以解决。

环境保护目标责任制度是为了解决市场经济条件下各层级政府在环境治理方面因环境治理权力和职责界定不清晰而产生的博弈问题,落实2015年施行的《环境保护法》关于"地方各级人民政府应当对本行政区域的环境质量负责"的原则性规定。2015年施行的《环境保护法》要求:"县级以上人民政府应当将环境保护目标完成情况纳入对本级人民政府负有环境保护监督管理职责的部门及其负责人和下级人民政府及其负责人的考核内容,作为对其考核评价的重要依据。"这是一种具体落实地方各级人民政府和有污染的单位对环境质量负责的行政管理制度。它将各级政府领导人依照法律应当承担的环境保护责任、义务用建立责任制的形式固定下来,并引入到环境管理中。

(二) 环境准入制度

1. 环境准入制度的问题与分析

2016年2月,环境保护部发布了《关于规划环境影响评价加强空间管制、总量管控和环境准入的指导意见(试行)》(环办环评〔2016〕14号),要求地方政府在开展环境影响评价工作时,要建立严格的环境准入制度,推动产业转型升级。其中,关于环境准入的要求,一是提出了环境准入负面清单和差别化环境准入条件,发挥了对规划编制、产业发展和建设项目环境准入的指导作用;二是确定制定了规划区域行业环境准入负面清单的否定性指标及其限值;三是对行业准入进行了分级分类,明确禁止准入行业和限制准入行业。之后,浙江省、重庆市、河南省、南京市等省、市地方政府陆续制定并实施了环境准入制度。

相对于环境污染的事后治理,环境准入作为预防性质的环境治理手段具有源头治理的典型特征。我国过去出于招商引资、发展经济的需要,对建设工程、产业项目、行业规划等实行了相对宽松的环境准入标准,导致经济增长高度依赖能源投入,经济增长方式一直停留在粗放型经济模式层面,同时伴生着日益突出的经济发展与环境资源的矛盾,最终的结果表现为历史遗留的环境问题尚未解决、新的环境问题又不断涌现,环境的承载力屡屡突破其承载上限。21世纪以来,我国经济进入发展新常态,各地方政府纷纷出台标准不一的环境准入制度。其中,海南省以"四个决不"建立了最严格的环境准入制度,即决不把降低环保和安全门槛作为招商引资的优惠条件,决不在接受产业转移过程中接受污染转移,决不让传统工业集中区成为新的污染源,决不以牺牲环境为代价换取一时的发展。可以说,我国从中央到地方逐渐转变了环境治理的观念,从单纯的事后治理发展为"源头预防、过程控制、末端治理"三位一体的环境治理新理念。因此,环境准入制度作为源头预防的重要工具在环境治理中具有越来越重要的作用。

从对象上看,环境准入制度包括产业环境准入、行业环境准入和规划环境准入,其主体是产业环境准入。从内容上看,环境准入制度包括环境准入条件和标准等指标体系的确定、环境准入负面清单和环境准入实施的程序规则。从配套制度看,在较为广泛的意义上,环境准入制度包括"三同时"制度、环境影响评价制度、排污许可证制度、污染物集中控制制度、污染限期治理制度等。

目前,虽然通过环境立法,我国业已建立了较为齐全的环境准入的配套制度,但这些都是在环境治理经验累积的过程中逐渐建立起来的制度,尚未形成类型化、体系化。对于环境准入的内涵,从法律实践到学术理论,并没有一个相对系统的解释,大多数学者都是基于环境准入的一个方面予以论证。如有的学者认为,环境准入实质上就是产业环境准入,把环境准入界定为一种约束机制,就是以满足国家和地方法律法规、相关政策和规划等要求为前提,以区域环境容量和资源承载力为约束条件,对区域产业发展和开发建设活动提出的一系列控制性准则和规定,其主要内容一般包括空间准入、总量准入、时序准入、强度准入、项目准入等。① 也有学者基于环境准入的实践探索,将环境准入制度归纳为环保部门根据区域环境容量和环境条件,合理确定区域功能定位和开发格局,统筹考虑开发建设活动对环境可能产生的影响,对开发建设活动采

---

① 高宝,傅泽强,沈鹏,等.产业环境准入的国内外研究进展[J].环境工程技术学报,2015(1):35.

取限制或控制措施的一系列准则和规定,实现环境保护和经济社会发展的互惠共赢。①

　　环境准入指标体系的构建是环境准入制度的核心,而构建环境准入指标体系的关键问题在于在环境治理和经济发展之间寻求平衡点。在实践中,经济发达的国家和地区基于对环境的高水平需求,往往以高度严格的环境标准来构建环境准入的指标体系,而经济欠发达的国家和地区则基于经济发展的压力,在环境准入方面采用相对较为宽松的标准来构建环境准入的指标体系。更为重要的是,环境准入的指标体系涉及"一揽子"标准,而且各项标准之间因价值取向差异而存在着一定的逻辑背离和张力,那么如何确定指标体系内不同标准之间的优先序列,也是指标体系制定者必须考虑的问题。此外,指标体系存在着定性指标和定量指标的类型划分,如果仅仅考虑定性问题则难以精准解决指标体系运行的自由裁量问题,而仅仅设置定量指标又容易偏离指标体系原初预设的价值取向。我国目前各地方政府制定的环境准入指标体系过于突出定性指标,相对忽略了定量指标的操作性价值。有学者以样本分析方法研究了我国的区域环境准入指标体系的构建问题,指出现有区域环境准入制度多为定性条款,缺乏定量要求。② 这虽然在形式上无疑更能表明中央和地方政府开展环境治理的决心和坚定信念,保证了环境准入制度的价值预设不因各种量化因素而改变,但在实践中因为存在复杂多变的具体情况而难以操作。目前,世界上大多数国家的环境准入制度都是由政府的环境行政主管部门以执法的形式来实现的,由于环境准入指标体系中包含着大量的技术指标,客观上要求政府的环境行政主管部门储备足以胜任进行环境准入技术研判的专业人才,但目前我国环境行政主管部门的专门人才储备明显不足。鉴于此,在实施环境准入制度进行环境准入决策评价时,单纯依靠政府环境行政主管部门的现有力量难以有效解决基于环境准入指标体系中各指标要素的逻辑背离和张力而产生的裁量问题。在实践中,地方政府开始建立专家决策评价机制和公众决策评价机制作为环

　　① 徐震.完善环境准入制度积极优化经济增长[J].环境污染与防治,2010(1):4-9.

　　② 盛学良,王静,戴明忠.区域环境准入指标体系研究[J].生态经济(学术版),2010(1):28.

境准入制度决策评价机制的补充,从专业角度和社会基本需要角度缩减决策裁量的随意性空间。这不失为一种有益的创新性尝试。

对于环境准入制度所涉及的容量分析、环境影响预测、污染防治总量控制等环境科学方面的内容和生产工艺、技术装备、污染处理水平等专业技术内容,专家能够从专业角度提供比较理性的环境准入决策评价意见。为了确保专家决策评价意见的客观性,一方面需要通过事先调查了解专家与被评价对象是否存在利益关联,作为是否需要其回避的先决条件;另一方面应当尝试由专家签署承诺书或责任书作为其参与环境准入决策评价的前置条件。

在环境准入制度中引入公众决策评价机制是因为公众是环境治理效果和经济发展成果的最终承受者,出于社会发展或经济发展的长远趋势考虑,如果不考虑社会公众的实际感受而由政府代替公众做出决策,可能会产生"好心办坏事"的后果。例如,厦门和大连都曾经因为PX项目在环境准入决策评价时未能够与公众充分沟通并听取公众意见而引发公众的普遍反对。公众参与环境准入决策评价的障碍是公众的专业知识储备不够,这需要在进行环境准入决策评价前对公众进行专门的培训,而不是以此为理由把公众阻挡在环境准入决策评价机制之外。

2. 环境影响评价制度的对象分析

《环境保护法(试行)》规定,新建、改建和扩建工程等进行项目建设时,必须提出对环境影响的报告书。自此,环境影响评价制度作为环境保护的一项重要制度,在中国环境治理进程中发挥了重要的作用。环境影响评价又称环境质量的预断评价,是指在进行某项人为活动之前,对实施该活动可能给环境质量造成的影响进行调查、预测和评估,并提出相应的处理意见和对策。[①] 环境影响评价制度是指对规划和建设项目实施后可能造成的环境影响进行分析、预测和评估,提出预防或者减轻不良环境影响的对策和措施,建立跟踪监测的方法与制度。也就是说,环境影响评价制度是关于环境影响评价活动对象条件和程序步骤的一套规则体系,其内容包括环境影响评价的对象条件、环境影响评价的标准和环境影响评

---

① 李艳芳.论我国环境影响评价制度及其完善[J].法学家,2000(5):3-11.

价的程序规则。

作为一项环境预判性质的环境准入制度,需要其进行评价的对象范围并不完全确定。美国是环境影响评价的最初启用国,在1969年制定的《国家环境政策法》中,环境影响评价的适用对象为对人类环境质量具有重大影响的各项提案或法律草案、建议报告以及其他重大联邦行为(除法律另有专门规定外)。基于立法对未来影响的考虑,应当说,美国环境影响评价的适用对象是很宽泛并富有弹性的,即凡是由联邦行政机关向国会提交的议案、立法建议、申请批准的条约,以及由联邦政府资助或批准的工程项目、制定的政策、规章、计划和行动方案,都必须进行环境影响评价。① 有的国家把环境影响评价的对象条件设置为可能引起污染的项目。比如,1969年瑞典制定的《环境保护法》规定,凡是产生污染的任何项目都必须事先得到批准,对其中使用较大不动产(土地、建筑物和设备)的项目,则要进行环境影响评价。

我国2015年施行的《环境保护法》将环境影响评价的适用对象界定为编制有关开发利用规划和建设对环境有影响的项目。对于需要进行环境影响评价的规划,2003年施行的《环境影响评价法》以列举的方式予以说明。虽然规划和建设项目都因为可能对环境造成影响而被列为需要进行环境影响评价的对象,但这两者存在显著的差异。任何一项建设项目,不论是新建项目、改建项目还是扩建项目,都是对原有环境状态的改变,小型建设项目可能改变的是生活环境、生产环境,而大型建设项目可能改变的是生态环境、生存环境。由于建设项目往往是具体的、单一的,其对环境的影响在微观上是相对可预测的。与建设项目相比较而言,规划具有宏观性、战略性和综合性的特征,大多数表现为一定区域的较长期限的产业发展布局。虽然规划的执行也必然会改变环境现状,但这种改变具有复杂性、连续累积性和相对不确定性。因此,2009年国务院出台了《规划环境影响评价条例》,要求对规划的环境影响评价应当分析、预测和评估以下内容:①规划实施可能对相关区域、流域、海域生态系统产生的整体影响;②规划实施可能对环境和人群健康产生的长远影响;③规划实施

---

① 张学超.环境影响评价制度研究[J].法学杂志,2003(1):64-66.

的经济效益、社会效益与环境效益之间以及当前利益与长远利益之间的关系。

（三）环境财政制度

1. 环境财政：缘起与发展

20世纪三四十年代以来，频繁发生的环境污染事件和公害事件使人们开始认识到良好的环境并不仅是一种天然的供给，还需要人们改变之前忽略环境成本和环境代价一味向环境索取经济资源、任意无节制地排放废弃物的习惯做法，保持经济社会发展和生存环境之间的平衡。自此，环境财政被纳入公共财政的视野。

有学者把20世纪初美国大规模扩建森林面积、兴建野生动物保护区视为美国环境财政的肇始，认为此次运用财政资金大规模恢复自然资源的运动开创了联邦政府承担国家自然资源保护责任的先河。① 日本的环境财政兴起于20世纪60年代，接连发生的公害事件使日本政府认识到治理环境的重要性，并把其作为政府的一项任务纳入财政预算。日本中央政府先后通过日本发展银行、日本中小企业金融公库、日本国民生活金融公库给企业提供软贷款，随着需求的增加，日本政府于1965年又设立了污染控制服务公司，其使命是针对环境问题对私营企业和地方政府提供技术和财政上的支持。我国政府对环境财政问题的关注始于1973年召开的第一次全国环境保护会议，此后政府即安排财政资金用于环境污染治理。1973—1981年，由国家财政安排的污染治理资金约为5亿元人民币。

如果说最初的环境财政问题大多是由环境污染事件或公害事件引发，具有断续性，那么在当前世界各国普遍认识到环境问题的严重性并采取经常性手段预防污染、治理环境的情况下，环境财政就演变为一种常规性的预算项目而成为政府历年公共财政的有机组成部分。因此，构建合理的环境财政制度就成为必然。当然，环境财政不仅仅等同于政府对环境的简单投入，还应当包括环境财政收入。在一般意义上，只要政府财政收入来源与环境事项有关，即构成环境财政收入；只要政府财政支出投向

---

① 盛学良，王静，戴明忠.区域环境准入指标体系研究[J].生态经济(学术版),2010(1)：29.

与环境有关的事项,即构成环境财政支出;而与环境有关的财政资金的收入和支出管理,即构成环境财政管理。因此,环境财政应当包括环境财政收入、环境财政支出和环境财政管理三项内容。世界上其他国家的环境财政收入主要来源于环境税的征收,但我国目前尚未开征环境税,我国的环境财政收入主要来自资源有偿使用收费和排污收费,环境财政支出主要表现为环境项目建设资金、环境项目补贴、环境项目资金支持和生态保护补偿资金。下面以征收排污费制度和生态补偿制度为例对环境财政制度作简要剖析。

2. 从排污收费到环境保护税:制度依赖与问题解析

排污费是指向环境排放污染物的排污者和排污量超过国家规定标准的排污者,依照国家法律和有关规定应向有关部门缴纳的费用。排污费征收的初始法律依据来自《环境保护法(试行)》中第十八条的规定:"超过国家规定的标准排放污染物,要按照排放污染物的数量和浓度,根据规定收取排污费。"随后,国务院于 1982 年出台《征收排污费暂行办法》,对征收排污费的范围和对象、征收条件和标准、排污费的管理和用途进行了专门规定。1989 年施行的《环境保护法》沿用了《环境保护法(试行)》关于征收排污费的制度,其第二十八条规定:"排放污染物超过国家或者地方规定的污染物排放标准的企业事业单位,依照国家规定缴纳超标准排污费,并负责治理。"可见,从《环境保护法(试行)》到 1989 年施行的《环境保护法》,关于征收排污费的法律预设仅仅是表述的些许变化,其基本法律制度安排没有改变。2015 年施行的《环境保护法》第四十三条则规定:"排放污染物的企业事业单位和其他生产经营者,应当按照国家有关规定缴纳排污费。"值得注意的是,从 1989 年施行的《环境保护法》到 2015 年施行的《环境保护法》存在一个明显的变化,即征收排污费的对象范围从"排放污染物超过国家或者地方规定的污染物排放标准的企业事业单位"扩展到"排放污染物的企业事业单位和其他生产经营者"。也就是说,法律要求所有排污者,不论其污染物排放是否超过法律规定的污染物排放标准,均应按规定缴纳排污费。1979—2015 年,我国的环境状况发生了极大变化,从原来的环境能够容纳、消解污染物转变为环境容量的限阈屡屡达到顶峰甚至被突破。近年来,全国长时间、大面积发生的雾霾现象无不印证了这一点。因此,在外部条件已发生显著变化的情况下,法律制度预设仍保持征收排污费制度不变,这显然存在着严重的制度依赖。

征收排污费的理论依据是"污染者负担"原则。该原则要求,一切向环境排放污染物的个人与组织应当依照一定的标准缴纳一定的费用,以补偿其污染行为造成的损失。该原则的积极意义在于确认了环境资源"有价"思想,改变了先前认为环境资源"无价"而可以随意透支的认识。但该原则存在一个隐含的前提,即向环境排放污染物要符合法律规定的标准。《环境保护法(试行)》中征收排污费的制度设计存在一个法律逻辑悖论:一方面,法律规定了污染物的排放必须遵守国家规定的标准;另一方面,法律规定对超标准排污征收排污费。那么,超过法律规定排污标准的行为究竟是合法行为还是违法行为? 如果是合法行为,则与前款规定相背反;如果是违法行为,它就不应该继续存在,更遑论对其征收排污费了。对超标准排放污染物征收排污费的规定直至 2015 年施行的《环境保护法》才得以改变,后者删除了对超标准排污者征收排污费的规定,而改为对所有的排污者征收排污费,同时在法律责任预设中明确规定,超标排污者将面临被责令限制生产、停业整顿甚至责令停业、关闭的风险,暗指超标排放行为具有违法性而不被允许。

随着时代的发展,一方面,《征收排污费暂行办法》法律层级比较低,执法刚性不足,各方面的干预比较大;另一方面,在环境行政部门经费比较紧张的情况下,由生态环境主管部门征收、管理和使用排污费在实践中存在"放水养鱼"的巨大风险。制定环境保护税法,完成由税务部门征收环境保护税代替生态环境主管部门征收排污费,促使环境税款征收和环境经费支出使用相分离,势在必行。为此,2016 年 12 月 25 日第十二届全国人民代表大会常务委员会第二十五次会议通过了《中华人民共和国环境保护税法》,自 2018 年 1 月 1 日起实施,其立法目的是保护和改善环境,减少污染物排放,推进生态文明建设。

3. 生态保护补偿制度:弥补环境治理的最短板

2015 年施行的《环境保护法》第三十一条规定了生态保护补偿制度,明确宣示国家将加大对生态保护地区的财政转移支付力度,要求有关地方人民政府应当落实生态保护补偿资金,确保其用于生态保护补偿。这是生态保护补偿机制构建的法律依据。关于生态保护补偿制度的内涵，有学者从环境生态学和环境经济学的视角做了简要界定，即生态保护补偿制度是通过一定的政策手段，实行生态保护外部性的内部化，让生态保护成果的受益者支付相应的费用；通过制度设计解决生态产品这一特殊公共产品消费中的"搭便车"现象，激励公共产品的足额提供；通过制度创新解决生态投资者的合理回报，激励人们从事生态保护投资，并使生态资本增值。[①] 从环境经济学的角度看，生态保护补偿主要包括对两种环境经济行为予以补偿：一是生态投资者的生态投资行为产生了环境正外部性，需要给予额外的经济激励；二是由于历史原因，先前的环境损伤行为因保护环境的客观需要而终止，客观上需要弥补行为终止所造成的经济损失，而且这种补偿费用远远低于环境污染所造成的损失。

在 2015 年施行的《环境保护法》实施之前，我国在实践中实行的"退耕还林""退耕还牧""退耕还草"等做法实际上就是生态保护补偿机制的早期形态。其中，2008—2011 年，中央财政安排的"退耕还林"专项资金为 462 亿元，取得了较好的环境效益和生态效益，从长远来看，其环境效益和生态效益将更为显著。但是，生态恢复和生态保护是一项长期的事业，长远利益和短期利益之间不可避免地会出现矛盾、冲突的情况。此外，在实践中生态保护补偿制度的实施存在两个问题：一是生态目标不到位，民众出资维护生态的动力不足；二是生态补偿不到位，民众应当获得的生态补偿没有及时全部兑现。鉴于此，2015 年施行的《环境保护法》对建立健全生态保护补偿制度做了明确规定，为生态保护补偿实践提供了强有力的法律依据。

（四）环境交易制度

1. 环境治理市场化的尝试

以环境交易制度为研究主题很容易让人联想到环境治理的市场调节模式以及排污权交易制度两个既有命题。在环境治理结构中，环境治理的市场调节模式一直努力通过环境产权设计和产权交易从根本上解决环境问题，但其在解决"公共地悲剧"问题时常遭到批驳。排污权交易源于

---

① 沈满洪,陆菁.论生态保护补偿机制[J].浙江学刊,2004(4)：217-220.

美国,为解决污染物排放的总量控制难题,在符合总量控制目标的条件下允许同一个排污区域的排污者之间通过交易而使排污余量在排污者之间合理流动。这是环境治理市场化的一项尝试,也是一种环境经济制度。我国有的环境法学者将其称之为环境使用权交易。①

　　实际上,在环境治理问题上,到底应当选择市场调节模式还是政府管制模式,既往的研究中定性分析远远大于定量分析。这是因为,一方面,理论研究者希望通过理论的纯粹化来实现理论的彻底性,理论研究者往往很难接受一项研究的结论带有似是而非的模糊性;另一方面,与定量分析需要大量准确的数据资料相比较,定性分析主要表现为一种从理论到理论的逻辑演绎过程,只要论证的逻辑不发生冲突,形成结论是顺理成章的事情。推崇市场调节模式学者的优势实质上是在定量分析方面,这是他们屡屡在定性分析中难以服众的原因。但这并不意味着环境治理的市场化运作并非完全不可行,因为支持政府管制模式的学者同样难以解决实践中政府在环境治理方面所面临的诸多难题。在实践中,美国的排污权交易制度从最初的单项制度发展到综合性制度,从钢铁行业逐渐推广到水污染控制领域和其他领域,后来更是被其他国家不同程度地吸收借鉴,逐渐演变成为一种世界性的环境治理交易制度。

　　环境治理市场化尝试的另一个方向是污染治理和生态恢复方面潜在的巨大专业化市场。2015 年施行的《环境保护法》要求企事业单位和其他生产经营者应当防止、减少环境污染和生态破坏。确立了“谁开发谁保护,谁污染谁治理,谁破坏谁恢复”的环境保护法基本原则,明确了开发者、污染者、破坏者和保护者、治理者、恢复者的主体同一性。但在实践中,一方面,开发者、污染者、破坏者往往对环境保护、环境治理和环境恢复秉持相对消极的态度,行动不力;另一方面,环境保护、环境治理和环境恢复需要较高的专业技术和设备支撑,由开发者、污染者、破坏者从事环境保护、环境治理和环境恢复,效果不佳。一旦环境污染者或环境破坏者被问责并要求承担高昂的环境成本,在其经营事项难以迅速调整的情况下,由相对专业的环境保护、环境治理和环境恢复的企业从事相关业务,

―――――――――――

　　①　吕忠梅.论环境使用权交易制度[J].江汉论坛,2000(4)：126-135.

将成为现实选择。因此,污染治理和环境恢复专业化市场将以可期待的方式迅速发展。

2. 环境污染第三方治理:通向环境治理专业化的道路

2014 年 11 月,国务院召开常务会议,提出推行环境污染第三方治理、推进政府向社会购买环境监测服务的方案。这是政府以主导方和需求方身份促进环境治理市场化的尝试。次月,国务院办公厅下发《国务院办公厅关于推行环境污染第三方治理的意见》(国办发〔2014〕69 号),要求创新企业第三方治理机制,健全第三方治理市场,推进环境公用设施投资运营市场化。自此,企业开始向第三方购买污染治理和生态恢复的专业化服务,越来越多的企业与专业化的环境治理机构或企业达成合作治理污染的交易。2015 年施行的《环境保护法》第二十一条明确提出:"国家采取财政、税收、价格、政府采购等方面的政策和措施,鼓励和支持环境保护技术装备、资源综合利用和环境服务等环境保护产业的发展。"

环境污染第三方治理的市场化尝试取决于供应方和需求方的利益博弈,一旦其中一方出现利益偏离,就可能使双方的博弈产生变数。因此,虽然基于专业化考虑,环境污染第三方治理是未来环境治理的必然趋势,但也有可能遇到来自实践中的暂时难题:一是需求方存在认识偏差,寻求第三方合作的原动力不是基于自身污染治理需要;二是来自政府和社会的外部压力;三是在供需双方的市场力量对比中,供方处于弱势,难以与需方进行公平交易;四是缺乏对第三方责任追究的法律制度安排,可能出现供需双方相互勾结、进行虚假治理的情形。鉴于此,针对第三方治理市场化过程中出现的新问题,应尽快完善第三方治理的法律法规制度安排。一是创新企业第三方治理机制:一方面通过立法明确环境治理各参与方的权利、义务和责任;另一方面尝试拟定第三方治理标准合同范本,根据环境治理的特殊需要设置环境治理各参与方均不得修改的强制条款。二是健全第三方治理市场:一方面通过增加环境基本公共服务有效供给,加大环保投入,大力推动环保产业发展,严格执行环保法律法规和标准,强化环保执法,增强排污企业委托第三方治理的内生动力,扩大第三方治理市场规模;另一方面要重视并充分发挥行业协会的作用,建立健全行业自律机制,提高行业整体服务水平。

我国在坚持推行环境污染第三方治理市场化的同时,要重新审视政府相应的环境治理职责。应当说,环境污染第三方治理中出现的大部分问题都与政府职能错位或监管不严有关。对政府来说,环境治理的市场化运行并不是政府放任不管而是要强化监管。在监管机制方面,要改变过去运动式监管、断续性监管的方式,实行连续性的网格式监管。在监管主体方面,发展和改革委员会、财政部门、工商管理部门、土地部门、水利部门、住房与城乡建设部门等与环境治理有关的部门要会同环境部门实行联合监管。在监管责任方面,要对责任进行细化并落实到人,以此倒逼监管职能全方位、无遗漏地实现。

第六章 我国环境治理的软件要素建构

一、我国环境治理理念的变迁及现代环境治理理念的构建

(一) 我国环境治理理念的变迁

"理念"一词最早源于古希腊语。① 西方学者对其含义的理解经历了一个日渐完善的过程。在西方,哲学家们从本体论、认识论和辩证法等多个角度阐释了"理念"的概念,古希腊哲学家苏格拉底最早对"理念"一词进行阐释,之后,哲学家柏拉图、亚里士多德、笛卡尔、洛克、黑格尔等都曾对"理念"进行过阐释,其中,黑格尔对"理念"的论述最为集中、详尽。在西方哲学中,"理念"泛指人们对事物或现象的理性认识所形成的观念或观点,并且是一种追求的目标或境界,或者说是一种对理想追求的概念化、系统化表述。② 在我国古代,无"理念"这一说法,但其内涵接近于古代"理"的含义。到了近代,我国才有人使用"理念"这个概念。李大钊先生是我国使用"理念"一词的第一人。

20 世纪 90 年代以来,"治理"被西方政治学和经济学家赋予了新的含义。比如,联合国全球治理委员会在《我们的全球伙伴关系》报告中对"治理"的含义做了明确界定,即治理是个人和机构管理其共同事务的诸多方式的总和。它是使相互冲突或不同的利益得以调和并且采取联合行动的持续的过程,既包括有权迫使人们服从的正式制度安排和规则,也包括各种人们同意或以为符合其利益的非正式的制度安排。治理不是一整套规则,也不是一种活动,而是一个过程;治理的基础不是控制,而是协调;治

---

① 韩延明.理念、教育理念及大学理念探析[J].教育研究,2003(9):50.
② 韩延明.理念、教育理念及大学理念探析[J].教育研究,2003(9):54.

理既涉及公共部门,也包括私人部门;治理不是一种正式的制度,而是持续的互动。① 由此可以看出,"治理"与"统治"虽然都是为了维护正常的社会秩序,但它们的内涵却具有显著的差异。"治理"的主体并不局限于政府等公共机构,并不是必须依靠国家强制力,不是单向的由上而下的强制和命令,而是更强调上下互动、合作、协商等非正式制度安排。

我国的环境治理范式从最初的国家管制变迁为国家治理,目前,我国环境治理的主体和治理模式都呈现出多样化的特征。我国在不同的历史阶段面临的资源和环境的约束不同,因此,在不同的历史阶段,我国的环境治理理念也不同。新中国成立后,我国的环境治理理念历经了五个阶段的变化:模糊的环境治理理念、可持续发展理念、科学发展观理念、"两型社会"理念和生态文明建设理念。

1. 模糊的环境治理理念

新中国成立初期,为了在短期内迅速改变中国积贫积弱的现状,我国走上了优先发展重工业的发展道路,集中全国经济资源以计划经济的方式实施"赶英超美"战略。但由于这种发展方式违反经济发展规律,所以我国的经济发展历经周折,同时我国的生态环境也被严重破坏,工业污染严重。我国政府虽然对环境污染问题非常重视,但是在计划经济体制下,国家的主要精力集中于经济建设,对环境治理并没有重点关注,也没有成立专门的环境保护部门,而是将环境管理内涵于其他行政部门。* 此时,国家环境治理理念模糊。

2. 可持续发展理念

人类对与社会发展伴生的环境危机的深刻反思催生了可持续发展观的诞生。20 世纪 60 年代,发达国家爆发了普遍的环境危机,于是,联合国于 1972 年召开了联合国环境大会,将国际性环境保护运动推向高潮。1987 年,联合国环境与发展委员会在《我们共同的未来》中正式提出可持续发展的概念。

---

① Commission on Global Governance. Our Global Neighborhood [M]. Oxford:Oxford University Press,1995:23-28.

* 我国在 1974 年成立国务院环境保护小组,早期由国家计划委员会代管,后来归国家建设委员会管理,直至 1982 年国家机构改革。

考虑到国际国内经济的发展形势,我国通过多种途径不断丰富和完善可持续发展的内涵、理论体系和实践经验。1992年6月,我国政府在巴西世界首脑会议上庄严签署了《环境与发展宣言》;1996年,我国正式把可持续发展作为国家的基本发展战略;之后,党的十五大报告明确提出,我国必须实施可持续发展战略,坚持保护环境的基本国策,正确处理人口、资源、环境的关系,把节约放在首位,提高资源的利用效率;党的第十六大报告把可持续发展列为全面实现小康社会的四大目标之一,要求综合国力和国际竞争力的提升必须建立在优化结构和提高效益的基础上。

可持续发展理念蕴含深刻的哲学内涵,强调和谐统一,强调人类对自然的索取应和对自然的回馈相平衡。可持续发展理念包含社会发展、自然资源的永续、生态环境的维持和人口发展四个方面,以及代内公平性原则、代际公平性原则、持续性原则、共同性原则等诸多原则。可持续发展战略的实现需要采取三大措施:节约资源、控制人口、保护环境。① 此外,可持续发展战略在发展模式上应实现四个转变:①向综合发展模式转变,避免单一经济目标的发展模式;②向效益型发展模式转变,避免速度发展模式;③向重视农业的发展模式而非牺牲农业的模式转变;④向众多管理主体与国家有效结合的发展模式转变。② 总之,可持续发展理念通过人类需求的自控能力和社会的自我约束,最终实现人与自然的和谐以及人与人的和谐,实现经济的可持续发展、自然的可持续发展和社会的可持续发展。

3. 科学发展观理念

改革开放后,历经十几年的发展,我国的经济建设取得了举世瞩目的成就。2003年,我国的人均GDP首次突破1 000美元,这标志着我国开始由低收入国家向中等收入国家迈进,社会经济发展开始驶进快车道。我国的经济建设虽然取得了辉煌成就,但是还存在较多的问题。例如,虽然我国经济总量不断增大,但人均量还是很小;虽然人均GDP超过1 000美元,但全国仍有众多的贫困人口和低收入人口;虽然经济增长速度保持

---

① 诸大建.关于可持续发展的几个理论问题[J].自然辩证法研究,1995(12):28-50.

② 叶峻,杜永吉.从可持续发展战略到科学发展观[J].社会科学研究,2005(2):23.

近10%的增长,但经济增长方式粗放,高能耗、高资耗的生产较为普遍,生态环境破坏严重,且在短期内难以修复;经济发展不平衡,城乡、地区差距进一步拉大;虽然经济总量增长迅速,但是"人的全面发展"还需提升,普通百姓分享的改革红利还需增加;片面强调经济发展的数量忽视了自然资源、能源的节约使用和生态环境的保护。因此,在新的经济发展阶段,我们应坚持科学发展观。

科学发展观包含三大战略思想:①"以人为本"的战略思想,即坚持以实现人的全面发展为终极目标,以人民群众的根本利益为出发点,切实保障人民群众的各项权益,促使广大人民能从发展中实现价值、获得实惠;②"全面发展"的战略思想,即以经济建设为中心,全面推进经济、政治、文化建设,以实现经济发展和社会各项事业的全面进步;③"协调发展"的战略思想,即对城乡发展、区域发展、经济社会发展、人与自然和谐发展、国内发展和对外开放都要合理地统筹,由此推进生产力与生产关系、经济基础与上层建筑以及社会诸领域和各方面协调发展。

科学发展观与可持续发展战略在环境治理理念上既有相同之处也存在差异。两种战略都主张全面发展、协调发展和可持续发展。两种战略的差异之处表现为:科学发展观强调"以人为本",而可持续发展战略关注的重点是代际持续。

4. "两型社会"理念

保护环境、节约资源的思想古今中外早已有之。1966年,美国经济学家鲍尔丁首次提出了"循环经济"思想。1972年,罗马俱乐部提出的"增长的极限"观点让人类更为深刻地意识到人类社会发展的资源、环境瓶颈。联合国于1972年召开的人类环境会议和1992年召开的环境与发展会议等一系列会议都是以保护环境为核心,多次强调降低资源消耗、提高资源使用效率。2004年,日本政府在《环境保护白皮书》中首次提出"建立环境友好型社会"。我国在持续多年经济高增长的同时,产生了日益严重的资源消耗和环境污染问题,因此,我国政府对经济增长模式进行了反思。2005年3月,时任中共中央总书记的胡锦涛同志在中央人口资源环境工作座谈会上提出要"努力建设资源节约型、环境友好型社会",把建设"两型社会"作为经济社会发展的战略目标。之后,中共十六届五中全会首次把建设"两型社会"确定为国民经济与社会发展中长期规划的一项战略任务,把"两型社会"上升为环境治理理念和国家经济发展理念。2007 年 11 月,国务院将长株潭城市群和武汉城市圈作为全国"两型社会"建设综合配套改革试验区。自此,我国"两型社会"建设从目标、政策走向实践。

构建具有客观性、可行性、综合性、动态性、简明性和合理性原则的"两型社会"的指标体系是实现"两型社会"的首要前提。其中,循环经济是实现"两型社会"的根本途径;发展"两型产业"和实行"两型消费"是实现"两型社会"的重要措施;研究开发利用"两型技术"* 是建设"两型社会"的技术支撑;合理有效的制度安排是实现"两型社会"的必要制度保障。

5. 生态文明建设理念

生态文明建设理念是一种全新的环境保护理念。生态文明建设是在我国资源约束趋紧、环境污染严重、生态系统退化严重的背景下提出的,但是生态文明建设环境治理理念的出发点并不是单纯的经济发展,而是认为生态保护关乎民意、民生和民祉,关乎中华民族的永续发展,关乎党的执政能力、执政宗旨的长远大计。因此,生态文明建设并不是资源短缺背景下的权宜之计,而是中华民族的长久追求,已经上升为我国的基本国策。

可持续发展与生态文明问题是我国政府十分重视的问题。中共十八大将生态文明建设提到了空前高度,把生态文明建设列为国家战略,并融入经济建设、政治建设、文化建设、社会建设的各方面和全过程。中共十八大明确了生态文明建设的根本目的是"努力建设美丽中国,实现中华民族永续发展",把"大力推进生态文明建设"提升为国家战略。这是环境保护理念的根本性改变,意味着中国特色社会主义的总体布局已由过去的"两个文明""三位一体""四位一体"演变为"五位一体"。生态文明建设不但要做好生态建设、环境保护、资源节约等,更重要的是要把其理念融入经济建设、政治建设、文化建设、社会建设的各方面和全过程。也就是说,生态文明建设是与经济建设、政治建设、文化建设、社会建设相并列的五

---

* 两型技术是指合理开发各种资源、节约高效利用资源、防止和治理污染、保护和优化环境的技术。

大建设,同时,在经济建设、政治建设、文化建设、社会建设过程中又要融入生态文明的理念、观点和方法。因此,生态文明建设战略的确定将为我国的经济发展带来发展理念和发展方式的深刻转变,并将迎来社会主义生态文明新时代。为了实现生态文明建设的国家战略,中共十八大还明确了"坚持节约资源和保护环境"的基本国策,以及"坚持节约优先、保护优先、自然恢复为主"的政策方针,指明了生态文明建设的途径是"着力推进绿色发展、循环发展、低碳发展"。

在中共十八大之后,我国针对生态文明建设实施了一系列的改革。2013年11月,《中共中央关于全面深化改革若干重大问题的决定》提出,建设生态文明,必须建立系统完整的生态文明制度体系,实行最严格的源头保护制度、损害赔偿制度、责任追究制度,完善环境治理和生态修复制度,用制度保护生态环境。2015年5月5日,《中共中央、国务院关于加快推进生态文明建设的意见》发布。2015年9月11日,国务院出台了《生态文明体制改革总体方案》,该方案着眼于理念方向,着力于基础性框架,明确提出构建完善自然资源资产产权制度、国土空间开发保护制度、空间规划体系、资源总量管理和全面节约制度、资源有偿使用和生态补偿制度、环境治理体系、环境治理和生态保护的市场体系、生态文明绩效评价考核和责任追究制度等八个方面的制度体系。2015年10月召开的中共十八届五中全会,首度把增强生态文明建设写入国家五年规划。2017年10月召开的中共十九大再次提出"加快生态文明体制改革,建设美丽中国"的号召。2018年5月,第八次全国生态环境保护大会召开,习近平总书记出席并在大会上讲话,为生态文明建设做出了顶层设计。

中共十八大以来,我国通过全面深化改革,加快推进生态文明顶层设计和制度体系建设,相继出台了《关于加快推进生态文明建设的意见》《生态文明体制改革总体方案》,制定了四十多项涉及生态文明建设的改革方案,从总体目标、基本理念、主要原则、重点任务、制度保障等方面对生态文明建设进行全面系统的部署安排。同时,生态文明建设目标评价考核、自然资源资产离任审计、生态环境损害责任追究等制度出台实施,主体功能区制度逐步健全,省以下环保机构监测监察执法垂直管理、生态环境监测数据质量管理、排污许可、河(湖)长制、禁止洋垃圾入境等环境治理制度加快推进,绿色金融改革、自然资源资产负债表编制、环境保护税开征、生态保护补偿等环境经济政策制定和实施进展顺利。此外,我国还修订了《环境保护法》,制定了《中华人民共和国环境保护税法》和《中华人民共和国核安全法》等法律。

(二) 生态文明理念的现实约束

中共十八大把生态文明建设提升到国家战略高度有其深刻而复杂的原因。

首先,我国要持续实行新型工业化战略就必须选择生态文明建设。自 1978 年以后,我国虽然高度重视环境保护和经济的可持续发展,但是随着我国经济发展速度的加快以及"财政分权"制度的实施,很多地方政府的官员只单纯追求政绩,并没有严格地实施可持续发展战略。因此,我国经济高投入、高能耗、低效率的增长方式没有发生根本性改变。有数据显示:2000—2018 年,我国能源消费总量在不断增加(见表 6-1),远远超过其他国家的消费量。从能源利用效率看,我国单位产值的能源消耗量远远大于其他国家,同时,我国能源利用效率近年来虽然有所提高,但与发达国家的差距仍然较大。由此可见,我国经济的高速增长建立在能源快速消耗的基础上。

表 6-1 2000—2018 年全国能源消费总量

单位:万吨标准煤

年份	能源消费总量	年份	能源消费总量
2000	146 964	2010	360 348
2001	155 547	2011	387 043
2002	169 577	2012	402 138
2003	197 083	2013	416 913
2004	230 281	2014	425 806
2005	261 369	2015	429 906
2006	286 467	2016	436 819
2007	311 442	2017	448 529
2008	320 611	2018	464 000
2009	336 126		

数据来源:根据 2000—2018 年中国统计年鉴的年度数据整理得到。

其次,生态文明建设是资源、环境约束日益强化的结果。目前,我国的资源和环境对经济发展的约束已经发生了拐点性变化,很多资源趋于耗竭,资源约束已经由过去的短期流量约束变为长期存量约束。近年来,我国能源的对外依存度不断增加,《BP世界能源统计年鉴》显示:2018年和2019年中国石油对外依存度分别为71%和72%,2018年和2019年天然气的对外依存度均为43%。自2003年开始,我国的矿产资源已经开始全面短缺。目前,我国资源的短缺已经变成全面的短缺:我国已探明的45种主要矿产资源中,已经有26种不能满足经济发展的需要,5种矿产资源面临绝对短缺,仅9种矿产资源能满足经济发展需求;从空间布局上,资源短缺已经扩展到资源禀赋较好的区域,即已经从东部沿海扩展到了西部内陆地区。

再次,生态文明建设是我国步入中等收入发展阶段的必然要求。目前,我国已经成为中等偏上收入国家,按照马斯洛需求理论,进入此阶段后,人们的需求将从基本的生存需求转向更高层次的需求,如健康、环境、自我实现等。在中共十八大召开前,原国家环境保护总局和教育部联合发布的《全国公众环境意识调查报告》显示,连续多年环境污染问题都是我国严重的社会问题。环境问题被公众列为仅次于医疗、就业、收入差距问题之后最为严重的问题,公众对环境保护的诉求越来越高。同时,中共十八大明确指出,当前我国资源约束趋紧,环境污染严重,生态系统退化严重。

最后,生态文明建设也是缓解国际冲突的重要措施。随着全球资源短缺的加剧,资源争夺、环境争端问题将会不断增加,非关税贸易壁垒也将增多。生态文明建设理念的确立和实践将使我国有效避免此类国际冲突。

(三)生态文明理念的顶层制度设计

严重的环境污染导致我国生态救助资金增加、经济生态红利丧失、企业生产成本上升,经济发展受到资源的显性约束,公众生命安全遭受威胁,环境现状急需改变。目前,我国已把生态文明建设列入国家战略,把环境治理绩效纳入官员考核体系,建立了国家环境监测网,确立了生态治理试点城市和区域,修改了环境保护法。但是,我国目前环境治理的范式仍是以政府为主导的环境管制模式,治理的主要领域集中于宏观层面。因此,为了尽快改变我国的环境治理现状,急需改变现有的环境治理范式,丰富治理手段,以吸引更多的人参与环境治理。不同的人群诉求不同、利益不同、目标不同,因此,为调动各人群环境治理的积极性,国家应对参与者进行分类,针对各自的利益诉求实施不同的激励手段。同时,在环境治理领域,政府应重新审视政府和市场的作用、分工、合作;在政府规制领域,政府规制的任务重,环境救助资金有限,规制人员有限,为提高政府环境规制效率,政府应做好顶层设计和战略布局并分而治之、靶向定位。

1. 分而治之的理论基础及思维

1) 外部性大小不同,环境规制手段应不同

外部性的存在使资源配置不能实现最优,外部性的大小不同,经济主体参与经济活动的积极性不同,政府激励幅度或规制对象的阻碍力度也不同。当正外部性发挥作用时,个人收益小于社会收益,个人活动水平低于社会需要的水平。个人收益和社会收益背离程度越高,个人活动水平与社会活动水平相差越多,个人从事该活动的意愿就越低;反之,个人活动的意愿就越高。环境治理具有正外部性,为了提高个人参与环境治理的积极性,国家应对环境治理的正外部性进行区分,对于外部性大的项目,个人参与的积极性低,政府应积极承担环境治理的任务;对于外部性小的项目,政府可激发公众的积极性,使公众成为环境治理的主体。当负外部性发挥作用时,个人成本低于社会成本,个人活动水平高于社会所需水平。个人成本与社会成本的背离程度越大,个人违规生产的积极性就越高,个人活动水平超出社会需要水平越多,对环境的危害就越大;反之,个人活动水平超出社会需要水平越少。环境污染具有负外部性,因此,对于个人污染成本低、负外部性大的企业,政府应加大对其规制力度,增加其污染成本,把这些企业作为政府重点环境规制的对象。

2) 治理效果的辨别度不同,政府规制力度不同,环境治理积极性不同,治理手段应不同

环境污染有生产性污染,也有生活性污染。从生产性污染的角度看,如果生产企业从环境治理中获得的收益大,企业治理污染的积极性就强。

以有机瓜果种植为例,如果消费者能够直观地感受、辨别有机瓜果的无害性或其他有益特征,则消费者更愿意为有机瓜果支付较高的质量溢价。在这种情况下,种植者会自觉地维护种植环境并种植更多的有机瓜果。相反,如果消费者不能直接辨别有机瓜果的安全性,则消费者就不愿意为"自称"是高质量的产品支付高价格,那么,种植者进行安全生产、维护环境的意识就会减弱。同时,如果企业的环保行为不能带来质量溢价,政府环境规制压力又要求企业必须购置环保设备而增加企业成本,那么,企业会想尽办法逃避政府的环境规制。因此,政府环境规制手段一定要有针对性。如果生产企业的环保行为能够在市场上得到回报,政府则不需要过多干预。如果企业的环保行为本应该可以在市场上得到回报,但是由于政府自身监管不严,造成消费者不能有效辨别产品的环保特性,导致企业的环境治理行为不能从市场上得到有效回报,则政府环境规制的重点应该是提高规制机构的规制效率。如果地方机构不能实现有效规制,中央政府可通过加大对地方政府环境规制绩效的考核力度破解地方政府的"规制俘获"。如果企业的环保行为不能形成产品质量溢价,反而增加了企业的运营成本,则企业逃避环境规制的意向就强烈。因此,政府应加大对此类企业的检查力度,防止其产生环境污染行为。

3)环境产业链发展具有动态性,政府规制手段也应具有动态性、迂回性

环保产业链由环保产业、非环保产业的消费者、生产企业、企业员工、经销商、环保组织等诸多利益集团组成,但环保产业链上不同利益集团对环保的态度不同。例如,生产企业是环境规制的抵触者,此类企业对环境的污染程度与治污技术、低能耗生产技术的可获得性及经济性具有重要关联。如果治污技术不可获得且治污成本很高,则企业自我治污的积极性就低,逃避政府规制的意向就强。在这种背景下,强硬的规制手段可能也无法降低企业的污染程度,不能从根本上解决环境污染问题。因此,在环保技术不具备时,政府环境规制应采取迂回的方式,把工作重点转至环境治理技术的研发或引进,提高清洁生产技术的可得性,降低清洁生产成本。此外,环保产业上、下游企业的利益也不一致。当新的环保技术出现时,发明新技术的企业和新技术的推广企业、经销企业会通过多种途径要

求提高环境规制标准,以占有市场。消费者是污染产品的受害者,消费者的环境意识受收入水平、教育水平、政府宣传、政府配套政策等因素影响。政府为提高环境治理绩效,可通过环保宣传激发消费者的环保意识,间接刺激环保产品的生产。

4) 环境治理壁垒不同,环境治理应分为宏观和微观两个层面

产业经济学上的进入壁垒形式多样,如技术壁垒、资金壁垒、规模经济优势、绝对成本优势、必要资本量、产品差异化、网络效应和政府管制等。同样,环境治理也存在环保壁垒,环保壁垒不同,公众参与环境治理的积极性不同,政府和市场的分工也应不同。如果环境治理的成本大,公众参与环境治理的积极性就弱;反之,公众参与环境治理的积极性就强。因此,环境治理应分为宏观和微观两个层面。宏观层面的环境治理主要是指涉及跨国、跨行政区域的环境治理(或生态修复),如水域修复、大气修复等。微观层面的环境治理是不涉及行政机关的跨区域协调,单个个体即可决定的环境治理,如农户的土壤改良、种植户的有机种植、牲畜粪便的无害化处理、秸秆的无害化处理、餐厨垃圾的无害化处理等。宏观层面的环境治理具有外部性、责任难以界定、涉及面广、协调难度大、耗费资金多等特点,依靠单个个体难以完成,需要借助国际力量或国家的行政力量,以行政命令的方式推进。微观层面的环境治理容易操作,市场潜力大,争议少,见效快,可依赖民间力量,通过市场化的方式进行。市场化的方式是指微观主体通过在市场经济中的自我逐利行为实现无意识的环境治理。例如,有机蔬菜生产商生产有机蔬菜的目的是追逐高效益,但其生产过程却无意识地修复了或维护了生态环境。值得注意是,微观主体追求私利具有持续的冲动性,因此,只要政府激励措施得当,低投入即可优化生态环境。为了尽快改变生态现状,政府应该在多个层面发动多方力量、采取多种模式推进环境治理。但目前,我国的环境治理主要集中于宏观层面,微观层面的环境治理尚处于碎片化状态,且推进缓慢。

2. 靶向定位的思维

1) 微观层面环境治理的主导思维:增加环境治理活动收益

微观层面环境治理的主体是分散的经济个体,他们通过市场活动无

意识地促进生态保护。因此,微观层面的环境治理要想持续推进,必须保证环境治理活动的经济收益。例如,在市场经济条件下,如果有机蔬菜生产商能够从有机蔬菜的生产活动中获取收益,那么他们会持续采取有机的生产方式,并拓宽有机蔬菜的生产范围,自觉地维护周围的生态环境;反之,如果没有经济利益,即使政府投入大量的行政力量,也很难阻止破坏生态的行为。例如,秸秆焚烧问题,每到夏收、秋收时节,政府都会派驻大量的行政人员到田间地头防范秸秆焚烧,但还是浓烟滚滚。其主要的原因是农民保存秸秆几乎没有经济回报,更为重要的是,在外出务工成为主流趋势的情况下,运送秸秆的机会成本太大;相反,如果秸秆的用途增多或秸秆在田间地头就能被卖出去的话,农民肯定舍不得焚烧秸秆。因此,激励科技创新,变废为宝、创造收益才是微观层面环境治理的主导思维。

2)政府帮扶的重点:关键产业,关键节点

生态产业是新兴产业且具有较强的外部性,对于环境修复具有重要作用,国家应对生态产业实施帮扶政策。政府帮扶的主要对象应是前后关联性强、旁侧关联效应大的产业,因为帮扶这样的产业能够快速改变生态现状。以有机肥料产业为例,它的前后关联性很强,其上游是农作物秸秆、牲畜粪便等有机肥料,下游是经济作物、大田作物。如果下游种植面积巨大的大田作物和经济作物全部使用有机肥料,那么就会对上游的牲畜粪便、农作物秸秆等产生巨大的市场需求。如果有机肥料产业能够发展起来,那么目前农村牲畜粪便污染环境的现状、秸秆焚烧污染环境的现状、农作物过分依赖化肥而土壤被破坏的现状以及食品安全问题都将被改善。因此,前后关联性强的生态产业应是国家重点帮扶的产业,而且国家帮扶的着力点应是这些产业发展的关键"梗阻点"。仍以有机肥料产业为例,目前,有机肥料的生产技术、原材料获取已不是问题,但有机肥料产业发展却面临销售困境。销售困难抑制了有机肥料产业的发展,进而也抑制了有机肥料上游产业的发展和生态环境的改善。因此,国家对该产业帮扶的着力点是拉动有机肥料的市场需求。有机肥料的两大需求方是大田作物和经济作物,但目前两者都不能拉动有机肥料需求。

大田作物不能拉动有机肥料需求的原因是:有机肥料销售渠道初建,

销售网点有限;更为关键的原因是大田作物种植户对有机肥料的肥力充满质疑,不愿意冒险使用有机肥料。虽然有些有机肥料公司采取让种植户先试用后付钱的方式,但是种植户怕小肥料公司(有机肥料产业是新兴产业,有机肥料销售公司的规模普遍较小)无力承担风险,依然不愿意试用。针对这样的情况,政府可采取如下帮扶政策:开辟专门的农经服务频道,通过真实的实验数据免费宣传有机肥料功效;在媒体发布信息,招聘愿意参与试种的种植户和有机肥料公司。此外,政府还可以根据实际情况投入一定的财政资金。如果有机肥料公司规模小,但考虑到有机肥料产业的正外部性特征,政府可以拿出社会诚信培育资金来等价赔付试用失败的种植户。如果有机肥料公司规模大,政府可充当信用担保方,收取有机肥料公司的保证金,对试用失败的种植户进行赔付。这种媒体、政府、种植大户联合参与的方式能够促使有机肥料市场迅速铺开。

目前,经济作物是有机肥料的主要使用者,因为经济作物种植户不质疑有机肥料的肥力,但对有机肥料的需求非常少,原因是经济作物市场不景气,不能拉动有机肥料的需求。针对这种情况,政府帮扶的着力点是拉动经济作物的市场需求。以有机蔬菜为例,有机蔬菜销售困难的原因是消费者不愿意购买有机蔬菜,因为消费者不能判定有机蔬菜的安全信息。目前,由于食品监管制度和社会认证体系的原因,有机蔬菜标识混乱,没有可信度,消费者没有有效的辨别方法,而且有机蔬菜的销售价格较高。因此,政府需要通过完善社会诚信体系,严格监管制度、认证制度等措施解决有机蔬菜的市场需求问题。再如生物发电产业,生物发电技术成熟,生物发电能够消耗大量的牲畜粪便,降低粪便污染,但生物发电企业却遭遇入网难的制度困境,如果国家的电力制度不改革,生物发电技术将难以推广。

总之,在生态文明建设方面,政府应找准关键产业,完善政策措施,打通关键"梗阻点"。值得注意的是,政府在制定环境治理措施时,应跳出环境治理本身,从更为宽广的角度寻求解决之道。

3. 前瞻性战略思维:战略产业优先进行,布局需具前瞻性

1)环境设施与其他设施具备兼容性

生态文明建设需要借助一定的设施,如果没有相应的设施装备,即使其他条件具备也无法开展生态文明建设工作。例如,秸秆发电可以消耗

大量的秸秆，能够明显改变秸秆焚烧污染环境的问题，且秸秆发电优势非常明显：2 吨秸秆和 1 吨煤炭的发电量一样，但秸秆平均含硫量只有 3.8‰，远低于煤炭 1%的平均含硫量。秸秆发电在加拿大、瑞典、芬兰等国家早已推广，但在我国却难以推广，因为我国目前没有专门的秸秆发电装备。虽然我国现有的电厂锅炉炉膛稍加改造即可用于秸秆发电，但是秸秆发电的理念并没有融入电厂锅炉炉膛设计，所以没有两用的锅炉炉膛，因此导致秸秆不能普遍用于发电。再如，沼气可燃烧、可发电，沼气的制作原料（粪便、植物茎秆）易寻，设备简单易建。沼气罐在城市、乡镇都可以安装，只要在楼房的建设过程中增加一个与沼气罐连通的粪便流通管道即可生产沼气。但是如果楼房在建设过程中不预设这样的管道，沼气罐就因没有粪便来源而无法使用。

城市建设与生态文明建设在基础设施方面具有兼容性、互通性，但在我国两者的建设步伐并不一致。我国的城市建设、基础设施建设已经历二十多年的高速发展，但直到 2012 年才提出“生态文明建设”“美丽中国”“美丽乡村”战略，生态治理模式、治理机制、生态协同治理机制等诸多问题还处于研讨阶段，生态文明理念构建滞后，并没有融入公众生活和生产者的生产理念，生态文明建设与其他建设相脱节。2014 年 3 月，中共中央、国务院印发了《国家新型城镇化规划（2014—2020 年）》，要求各地区各部门认真贯彻执行，我国新型城镇化建设将再次加速。因此，生态文明建设的顶层设计必须加速推进，生态文明建设理念应及早融入城镇化建设，生态文明建设思维应具前瞻性、全局性。

2）生态文明建设是生态循环的内在要求

生态活动收益是微观层面生态文明建设推进的内在动力，生态活动收益能否实现与生态布局密切相关。以养殖业和种植业为例，目前，我国养殖业和种植业的规模化趋势明显，且这两大产业具有经济互利性，但是如果缺乏合理的生态布局，大型养殖场远离农业种植基地，农业种植基地需要从距离很远的地方运输农家肥的话，就会放弃农家肥的使用而继续使用化肥。这样，农作物的品质不高、农村牲畜粪便随意堆放、土壤因过量使用化肥而板结的现状就无法改变。同时，如果缺乏合理的生态布局，消费者就会质疑生态产品的真实性，就会减少对生态产品的消费，这样就无法拉动生态产品的持续发展,生态环境也就难以改变。

如今,我国的城镇化建设和工业园区建设都在加速推进,如果政府没有提前做好生态布局,后期的环境治理将困难重重。因此,政府应全局考虑,加快环境治理的顶层设计。

二、优化政府环境治理,培育多元治理主体

环境治理理念能否实现、环境治理绩效能否提升、生态环境能否改善,关键在于环境治理系统内所有工作人员的努力程度。环境治理系统内的主要主体有政府环境治理人员、工业企业环境治理人员、农业企业环境治理人员和社会公众及其团体。在不同的环境治理模式下,环境治理主体的关系不同,治理的效果也不同。

(一) 政府环境治理的困境与制度优化

1. 政府规制机构环境治理的困境

2015 年开始实施的新修订的《环境保护法》赋予了环保部门很多新的权力,但是新修订的《环境保护法》能否真正地贯彻落实取决于其执行力。目前,我国政府环境规制结构仍然存在较多的治理困境,这制约着其执行力的发挥。

1) 执法力度不足,缺乏针对性

新修订的《环境保护法》是程序法和实体法共存,但在实践中新修订的《环境保护法》的执行效果并不理想,其关键原因是执法人员忽视程序法而重视实体法,从而导致执法力度不足、针对性不强。同时,新修订的《环境保护法》中的程序性规范较多,执法的弹性空间较大,这也进一步削弱了新修订的《环境保护法》的执行效果。

2) 体制缺陷与环保部门执法难

新修订的《环境保护法》赋予了环保部门更大的权力,加大了对企业的处罚力度,出台了严格的环评政策,对环保部门实施垂直化管理,逐步弱化了地方政府的约束。但是,垂直化管理也存在自身的问题,同时也难以完全摆脱地方政府的干预。尤其是在经济欠发达地区,环保部门由于受到当地经济发展指标的约束,导致其执法不严的现象更为普遍。例如,新修订的《环境保护法》实施以来,很多地方法院很少对环境诉讼立案。

同时,新修订的《环境保护法》虽然授予了环保部门及其相关部门查封、扣押的权力,但这种权力在实施中会遭受各方面的阻力,强制执行权并没有得到广泛、有效的贯彻执行。[①]

3) 法律漏洞影响环保执行力度

新修订的《环境保护法》第六十八条规定,地方各级人民政府、县级以上人民政府环境保护主管部门和其他负有环境保护监督管理职责部门由其自身的违法行为造成严重后果的,其主要负责人应当引咎辞职。这一规定多是针对突发的、严重的环境污染事件,但是对于普遍出现环境污染地域的地方政府领导并没有约束。同时,这一规定没有明确官员引咎辞职后能否异地重用,以及不引咎辞职应如何处理等问题,所以这一规定的较大弹性空间将影响其实施效果。

4) 执法人员的数量和素质影响执法

我国各层级环保部门的执法力量严重不均衡。中央和省级环保部门无论是执法工具、执法手段还是执法人员都很充裕,但县、乡级环保部门的执法力量却很薄弱。县、乡级环保执法人员的行政编制缺乏,有些县、乡的环保执法人员仅有几个人,且没有执法车和执法仪器。环保执法的专业性很强,具体表现为:在目前环境问题日益复杂的情况下,污染源众多,新污染源不断出现;环保法律法规众多,我国目前的环保法律法规多达120余部;高端、精密的环保监测设备不断涌现,只有熟练掌握监测仪器的操作并熟悉数据分析方法,才能了解企业的污染情况,防范企业的造假行为。因此,拥有大量专业性环境人才才是严格执法的关键前提。但目前我国基层执法人员缺乏且整体专业素质不高,这必将影响我国的环境治理效果。

5) 跨区域的环境规制机构设置不科学

环境污染常常是跨越行政边界的,但是我国环境规制机构是按照行政边界设置的,这就会导致跨区域的环境污染由于治理机构之间的相互推诿而无法解决。此外,在以经济发展为目标的情况下,各地区都把跨区域的公共河流作为"公共用地"而肆意排污。同时,由于环境治理具

---

①　常纪文.新环保法遭遇实施难题[J].中国资源综合利用,2015(4): 32.

有较强的外部性,因此,各地区政府对于跨区域环境治理的积极性都不高。

2. 政府规制机构摆脱环境规制困境的制度优化措施

1) 完善环境规制,提高环境执法效率

环境规制的改革是项复杂的系统工程。目前,对环境规制效率形成主要制约的因素是地方政府为了发展当地经济而对当地企业的庇护。这对环境规制机构的执法造成了显性或隐性的障碍。因此,要提高环境规制的效率,首先要保证地方环境规制机构执法的独立性,具体可以通过以下两种渠道来实现。

渠道一是变革目前偏向于地方行政区划式的治理体制,改为跨区域垂直式治理体制。垂直式的环境规制机构设置能够弱化地方政府对环境规制机构的干扰,使环境规制机构将精力集中于业务研究。同时,在机构改革中应坚持根据生态特点划分区域的主要原则。此外,为弱化地方政府的干扰,应遵循"扩省、缩市、强县"的思路进行环境规制机构改革,即增加省级机构数量,减少市级机构数量,加强基层机构建设。

渠道二是强化环保部门对环境的监管力度,将环境考核指标与地方经济发展目标挂钩。目前,我国环境恶化的首要原因是地方政府官员为了增加任期内的 GDP,庇护当地污染企业,放松对污染企业的监管。因此,中央政府应加大对地方政府官员的环境考核指标权重,或者将环境考核指标同地方经济发展目标相结合。比如,环保部门如果判定某地环境保护不达标,则该区域的建设项目将环评限批。这一措施将大大弱化地方政府庇护当地污染企业的动力。

2) 填补立法空白,完善配套措施,提升环保执法力度

为了提高环境治理绩效,我国在变革环境治理体系和环境治理制度,加大对环保企业规制力度的同时,也应该加大对环保执法人员和机构的规制,防止出现"规制俘获"现象。首先,应完善我国的行政问责制度,改变我国行政问责中出现的同体问责、问责的法律位阶低、问责表面化、问责应付等问题。没有有效的行政问责,很难避免环境规制中的"规制俘获"现象,尤其是在目前环保部门权力不断增大的情况下。其次,应扩大环保执法的透明度,弱化规制部门的权限。再次,应培育公众积极参与环

境治理的意识和积极性。最后,应完善政府的回应制度。

3)加强环境执法是改变环境状况的关键环节

我国各层级环保部门的执法力量非常不均衡,县、乡级的环保执法力量薄弱。新修订的《环境保护法》实施后,很多高污染企业向环境治理相对薄弱的县、乡迁徙,造成县、乡环保部门的执法情况更为窘迫。因此,充实执法人员数量尤其是基层执法人员的数量势在必行。首先,应启动国家层面的执法队伍现状调查,从国家层面摸清我国环境执法队伍的真实状况。其次,应调整执法队伍结构,将那些根本不具备执法能力的人员调出执法部门。最后,应整合各方行政力量,借助公安等部门的力量,加强环保部门的执法能力。

此外,提高执法人员的专业素养是增强环保部门执法能力的关键。首先,应调整环境执法人员队伍的结构,提高基层执法队伍的专业性,尽量招收从大专院校毕业的专业人才以充实基层环保执法队伍。其次,应加强对执法人员和环境规制部门的专业知识培训以提高其执法和规制水平。例如,设计一整套针对新修订的《环境保护法》专业执法的培训课程,安排充足的培训时间,在培训结束后进行严格的考试等。最后,应加强环境执法资格考试,把具备一定的环境执法专业知识素养作为执法人员上岗的门槛。

4)优化环境规制体制,实现环境规制的跨区域治理

环境治理具有统一性、整体性,分割的管理体制无法实现环境的有效治理。例如,山、水、林、田、湖、草是一个生命共同体,分割的管理体制难以实现统一保护、统一修复。中共十九大报告确立了共同治理的思路,为了实现"共同治理",我国从以下两个方面进行了改革。

首先,我国对相关部委进行改革,建立了统一的环境治理机构,并对横向的环境管理体制进行了重大改革。2018年通过的《国务院机构改革方案》,把环境保护部的职责和其他六部委*涉及环境治污领域的职责全部进行了整合,组建生态环境部。生态环境部的建立是为了把原来分散

---

* 其他六部委是指国家发展和改革委员会、国土资源部、水利部、农业部、国家海洋局、国务院南水北调工程建设委员会办公室。

的污染防治和生态保护职责统一起来。职责统一后,会改变原有多部门治理局面下部门之间扯皮推诿的局面,实现管理要素从分散到集中,降低污染治理成本,提高污染治理效率。

其次,为实现跨区域的环境治理,我国还推行了环保机构的半垂直改革,即中央政府主管部门对省级政府工作部门有领导或指导关系,省级政府对工作部门也有领导关系,但省级以下环保机构实行垂直管理*。环保治理部门的横向管理体制的改革以及省级以下环保部门的垂直管理,能够为省级范围内的跨区域治理提供制度保障。在环保治理纵向管理体制上,在省级以上层面上,中央政府和地方政府实行分级管理,中央政府具有生态环境保护政策的制定、地方政府环保绩效的考核等职责,地方政府是所辖行政区域内生态环境保护的责任主体。在跨区域环境治理过程中,由于受制于行政区域分割的体制以及各自经济发展状况、环境利益诉求的差异等方面的原因,在治理过程中不同的地方政府在环境治理方面存在工作不积极、履行职责不到位等问题依旧存在。针对上述问题,中央政府采取了很多措施,环保督察是最强有力的方式。2015 年 7 月,中央全面深化改革领导小组将环保部原有的"环保督查"上升为"中央环保督查",将督查范围扩大到地方党委与政府,其督查效果非常明显。为了使中央环保督查措施上升为长效机制,2017 年 11 月,环保部将全国已有华北、华东、华南、西北、西南、东北环境保护督查中心由事业单位转为环保部派出行政机构,并分别更名为环保部华北、华东、华南、西北、西南、东北督察局,为中央环保督察工作提供组织机构保障。但是,从制度性质来看,环保督察是突破正常的科层体制,在短期内将中央的意图和信号传递到各个领域、部门的运动型治理机制。该机制作用的发挥依靠的是上级对下级的权力干预,带有很大的随意性、任意性的特点。这种治理机制不利于环境治理的法治化和制度化,甚至将会在一定程度上造成"一刀切"等现象的加剧。也就是说,我国的跨区域环境治理体制运行的实践表明,仅仅依靠嵌入式治理及其纠偏措施并不能从根本上破解跨区域环境治理

---

* 省级以下环保机构并不是完全垂直改革,而是针对市县环保部门及监测、监察、执法等机构实行了多层次的垂直管理方式。

的体制机制约束①。为了实现跨区域的生态环境治理,纵向管理体制的改革仍需探索。

(二)公众参与环境治理的困境、路径与措施

目前,环境治理已成为各国政府经济社会管理的重要内容。我国正在通过多重措施治理环境,把生态文明建设列入国家战略,把环境治理绩效纳入官员考核体系,建设国家环境监测网,确立生态治理试点城市和区域等。但我国环境治理实践的突出特点是"政府依赖",即政府是环境治理的主导,公众很少参与到环境治理中。2018 年 7 月 16 日,生态环境部印发了《环境影响评价公众参与办法》,在该文件中,国家明确鼓励公众参与环境影响评价,点明了公众参与环境影响评价时应遵循的原则、参与评价的渠道、具体组织形式及公众对环保项目产生怀疑时的处理办法等。该文件的出台将公众参与环境影响评价的实践向前推进了一大步。

目前,公众参与环境影响评价在实践中还存在一些问题。首先,诸多条款规定比较笼统,自由裁定空间较大。例如,《中华人民共和国环境影响评价法》(以下简称《环境影响评价法》)规定了公众参与的组织形式有论证会、听证会、专家论证会、座谈会或者其他形式,但是对于公众参与的方式适用的情形和条件并没有明确的规定,这可能会导致实践中公众参与环境影响评价方式的选择处于无序状态。再如,《环境影响评价法》规定,对环境影响方面公众质疑性意见多的建设项目,可以进行深度的沟通和互动,但对于公众质疑的程度、深度沟通的方式并没有清晰说明。其次,公众参与环境评价的范围有限。例如,中国建设项目环境影响评价公众参与适用的范围仅包括应当编制环境影响报告书的项目,对于应编制环境影响报告表和填报环境影响登记表的项目则没有规定②。在实践中,出于经济成本和趋利避害的考虑,建设单位就应编制环境影响报告表和填报环境影响登记表的项目往往不会主动适用公众参与的程序。再次,环境信息知情权亟须完善。如《环境影响评价法》规定保密项目除外,

但是对于保密项目的认定标准、保密时间都没有明确的规定。另外,公众身份的认定和范围不明确,公众参与环境影响评价的法律责任不明确。最后,公众在环境影响评价中的自身局限性并不能有效发挥作用。如公众可能因为知识储备不足、参与意识不强,并不能真正有效地对环境影响进行客观公正的评价。总之,公众参与环境治理依然存在较多困境。

1. 我国公众参与环境治理的困境分析

1) 公众诉求是公众参与环境治理的首要前提

公众参与环境保护的途径包括立法参与、决策参与、管理参与和救济参与,形式包括公众调查、座谈会、专家咨询、论证会、听证会、信访举报等。无论何种参与途径和形式,只有公众诉求能够被重视并被纳入政府环境治理决策,公众参与环境保护才会有持续性。因此,公众诉求是公众参与环境治理、影响政府环境规制绩效的首要前提。公众诉求对政府环境治理能否产生影响,经济学家从不同的角度进行了论证。Harsman 和 Quigley[1] 以及 List 和 Sturm[2] 的研究结果表明,西方国家"用手投票"的机制可以影响环境治理决策的制定。Tiebout[3] 认为,公民自由迁徙的机制可以影响政府的环境治理决策。赫希曼[4]认为公众的请愿、抗议行为可以影响政府的环境决策。国内学者郑思齐[5]通过 google 搜索引擎自带的搜索功能构建了 google trends 指数和 google search 指数,作为公众对环境问题的关注度指标。其研究结果表明,我国公众诉求可以影响地方政府的环境决策、改善环境质量。同时,近些年我国发生了一系列的环境公共事件,如 2005 年的哈尔滨水污染事件、2007 年厦门的 PX 项目事件、2008 年的广州番禺垃圾焚烧事件、2011 年大连 PX 事件、2012 年宁波镇海的 PX 事件、2012 年江苏启东事件、2013 年山西苯胺泄漏事件、2014 年

① Harsman B, Quigley J M. Political and public acceptability of congestion pricing: ideology and self-interest [J]. Journal of Policy Analysis and Management, 2010, 29(4).

② List J A, Sturm D M. How elections matter: theory and evidence from environmental Policy [J]. The Quarterly Journal of Economics, 2006, 121(4).

③ Tiebout C. A pure theory of Local expenditures[J]. Journal of Political Economy, 1956 (64): 416-424.

④ 赫希曼.退出、呼吁与忠诚[M].北京:经济科学出版社,2001: 21.

⑤ 郑思齐.公众诉求与城市环境治理[J].管理世界,2013(6): 72-84.

甘肃苯泄露事件。在这些环境公共事件中,政府对公众诉求做出了积极回应,如宣告项目停建、迁址,启动治污工程等。实证分析的结果和公共环境事件处理的结果都表明,公众诉求可以影响地方政府对环境的关注度,对环境关注度的提高可以加速环境质量的改善。

2) 公众诉求影响政府环境治理缺乏稳定性

公众诉求可以影响政府的环境治理态度和治理绩效,但是只有公众的组织力量强大、借助的工具强大,公众诉求才能持续有效地影响政府的环境治理绩效;否则,公众诉求对政府环境治理绩效的影响将缺乏稳定性。环境治理中最基本的三大主体是公众、企业和政府,相对于企业和政府而言,目前我国公众势力单薄,无法与其他两大主体对抗,公众诉求对政府环境绩效的影响较弱。此外,公众诉求对政府环境绩效的影响缺乏稳定性的原因主要还表现在以下三个方面。

第一,非均衡的博弈制度安排与政府环境治理绩效的稳定性存在冲突。[①]

环境污染与经济发展阶段、国际贸易水平、科技发展水平、制度安排等因素密切相关。在工业革命的早期阶段,西方国家的环境污染状况同样糟糕,但西方国家公众、资本、政府均衡的博弈制度安排有力地改变了这种状况。西方工业革命后的一段时期,贵族没落,无产阶级尚未强大起来,资本在经济上和政治上都处于强势地位。资本的双重强势地位导致政府成为资产阶级政府,政府帮助资本谋取更多的经济利益和政治利益。公众、资本和政府三方的力量对比严重失衡。到了 19 世纪末,三方的力量发生重大变化:公众获取了"一人一票"选举政府官员的权利。公众"一人一票"的选举制度成为削弱资本强势地位的重要制度安排。政治制度的变化改变了政府在经济活动中的角色。在西方国家,经济绩效是决定政府官员能否在竞选中获胜和连任的关键因素。相对于劳动力而言,资本是稀缺要素,政府官员在情感上更偏袒于资本。但是,政府官员能否在选举中胜出取决于占人口多数的公众的投票。公众选举不但要考虑经济

---

① 王彩霞.地方政府扰动下的中国食品安全规制研究[M].北京:经济科学出版社,2012:243.

发展水平,还会考虑公共安全、社会福利等影响民生的因素。资本用经济增长约束政府,公众用选票约束政府,最终政府在公众和资本之间采取中立立场,成为一种平衡力量,在公众和资本发生冲突时更多地发挥其协调功能,而不是过分地偏袒资本。总之,西方国家形成了公众和资本势均力敌的政治态势,政府被改造为平衡型政府。该制度是促成西方国家环境治理等社会规制问题有效解决的关键制度安排,同时,这样的制度安排能够保障政府环境治理的持续性、真实性。

与西方国家的权力制衡结构相比,我国的权力制衡结构与之既有相同之处,也有显著差别。我国政府对资本也存在强烈依赖,甚至更为依赖。"一穷二白"是我国制度变迁的基点,稀缺的资本在以经济建设为中心的发展目标下显得尤其重要。1993年实施财政分权后,中央政府将事权、人事权、经济权和部分税收权力、法律权力下放给地方政府。地方政府在很大程度上成了自负盈亏的经济实体,成了我国经济发展初期的竞争主体。因此,地方政府对资本非常依赖,竞相追逐。在这样的制度环境下,资本的强势状态更为突出。

具体到环境治理问题,如果资本(企业)在环境治理中增加了环境治理投资,将会增加成本、降低利润,因此资本具有减少环境投资的倾向。但郑思齐的实证结果显示,公众诉求可以影响地方政府环境投资,改善环境状况。[①] 在我国,地方政府是环境改善的主体,是改善环境的决定性力量,中央政府对地方政府具有强约束力,公众是通过中央政府约束地方政府进而改善环境的。中央政府和地方政府的关注目标不完全一致,中央政府的目标更关注公众支持度、社会稳定、政权稳定,当环境污染严重影响公众健康时,公众大范围内的集结容易成为社会不安定因素,因此,公众以迂回施压的方式促使地方政府改善环境。自2012年起,我国已把环境治理纳入国家战略,把环境治理绩效纳入地方政府官员的考核体系,中央政府对地方政府的环境约束进一步加强。

在我国目前的政治架构下,公众诉求是以迂回的方式影响地方政府环境治理绩效,但该方式具有非稳定性。首先,地方政府环境治理绩效与

① 郑思齐,万广华,郭伟增.公众诉求与城市治理[J].管理世界,2013(6):72-84.

该指标的权重密切相关。目前,中央政府对地方政府官员的考核指标多元化,如果在整个考核体系中环境治理绩效的权重偏低,则该指标对地方政府的约束效果将不明显;如果该指标体系大幅变动,环境治理绩效也将随之波动。其次,目前公众没有其他约束地方政府的途径,只能通过大规模的集结引起中央政府的关注,通过中央政府来间接地约束地方政府的环境政策。这种方式适用于环境污染范围广、受害人群多、污染严重的环境污染事件。如果受害人少,人群居住分散,缺乏推动主体,公众集聚的人数少、媒体关注少,公众诉求得不到中央的关注,环境污染将不能得到有效治理。目前,当中央政府把环境治理绩效纳入官员考核体系后,很多高污染企业搬离城区迁往远离监管机构的偏僻农村。这样一来,偏远农村即使存在严重污染,公众诉求也很难有效表达,难以影响政府环境决策。即使在城市,随着同一类型环境事件多次出现以后,媒体对此类问题的关注度将会下降,没有媒体的宣传,公众诉求就难以引起中央政府的关注,进而难以约束企业的污染行为。最后,公众通过大规模集聚的方式影响地方政府的环境治理绩效,这是一种事后突击式的治理而非常态化的治理,难以产生持久的效果。

第二,弱的法律支撑影响政府环境治理的稳定性。

法律应是维护公众诉求有效性的有力工具,但我国目前的法律制度安排还不能保证公众参与环境保护的稳定性。新中国成立以来,我国先后在环境保护方面制定了多达120余部法律法规,环境立法数量居各部门法之首,但是法律法规的执行情况却不容乐观。最高人民法院中国应用法学研究所所长孙佑海表示,符合环境法律法规要求的行为只占到30%左右,有70%左右的环境法律法规没有得到遵守。

环保法律法规不能成为公众诉求和公众参与环境治理有效武器的原因众多。首先,从法律本身来说,我国宪法没有明确规定公民的环境权。宪法作为根本法,它对社会生活的各个领域都具有根本法的法律约束力,它是其他一切法律形式赖以产生和存在的法律依据。宪法相对于其他法律形式,其稳定性和权威性更高,宪法中环境权的缺失弱化了公众诉求影响政府环境治理的力度。其次,公众深受环境污染损害,但在某些领域进行维权时却无法可依,如有毒化学物质污染、土壤污染、环境损害赔偿等方面。再次，一些环境方面的法律法规过于模糊，不能成为公众环境维权的有力武器。例如，个别条款具有模糊性，为执法时的自由裁度预留了较大空间，这可能成为地方政府平衡经济发展和环境保护的有效武器。最后，环境诉讼存在立案难、立案门槛高、取证难、鉴定难、胜诉难、执行难等实际困难。有统计数据显示，自1996年以来，环境污染事件每年以超过20%的速度递增，但环境污染纠纷以司法途径解决的微乎其微。"十一五"期间，环境信访案件数量达30多万件，但诉讼案件占比不足1%。一般情况下，污染受害者多选择上访寻求行政解决，不愿耗时耗力去打环境官司。此外，即使政府出台严格的法律，但是法律在实施过程中常常受到诸多羁绊，这也会挫伤公众参与环境治理的积极性。以新修订的《环境保护法》为例，2015年1月1日，新修订的《环境保护法》正式实施，但是环境诉讼案件并没有随之增多。笔者认为，阻碍公众诉讼的因素有以下五点。①地方法院不立案、不执法，导致公益诉讼难以实施。地方法院不立案、不执法是一种普遍的现象。中华环保联合会法律中心提供的数据显示：中华环保联合会于2013年提起8起环境公益诉讼，无一被受理；2014年同样提起8起环境公益诉讼，只有4起被立案，其中2起胜诉、2起调解。由此可见，如果法院不受理环境公益诉讼，社会组织和个人将没有其他途径。②行政部门信息公开度低，信息不对称难以起诉。2015年新修订的《环境保护法》正式实施后，石家庄市新华区法树信息咨询中心向河北省32个县级环保局发送信息公开申请，要求其公开辖区内重点排污企业的名单以及对重点排污单位的行政处罚等信息，结果仅有8个县给予了书面回函，23个县毫无回复，还有1个县直接退回了申请原件。① ③环境公益诉讼的门槛高，成本高昂。以江苏省泰州环境公益诉讼案为例，一审、二审案件受理费以及环境损害鉴定评估费高达200多万元。此外，原告还要支付调查取证期间的支出以及聘请代理律师的律师费和泰州中院一审开庭日鉴定人出庭的交通费、住宿费、生活费和误工补贴费等。由此可见，高昂的诉讼成本成了推进环境公益诉讼的"绊脚石"。据调查，目前绝大部分省（自治区、直辖市）尚未设立环境公益诉讼基金，从环境公益诉讼

---

① 陈学敏.执法司法的选择性,恐软化硬法[J].环境经济,2015(4)：35.

基金中支付原告环境公益诉讼费用尚待时日。由于现有的机制设计是"事后算账"式的,对于绝大多数社会组织来说,起诉之前和诉讼环节中的资金支出是不小的压力。④由于资金缺乏,公益诉讼缺乏可持续性。环境公益诉讼是一项严谨、专业的法律活动,由于环境违法案件取证和举证难度大,环境污染损害鉴定评估成本高,起诉、应诉过程需要耗费大量的人力、物力和财力,而大部分社会公益组织缺乏专业人士和资金,因此,公益诉讼缺乏可持续性。⑤公益诉讼组织的性质决定了公益诉讼的数量不多。大部分环保组织是官办的社团组织,很多是行业协会,它们提起公益诉讼的意愿不高。从环境公益诉讼案件起诉主体看,绝大多数是行政机关和地方检察院等公权力机关,由环保组织起诉的案件很少。此外,对于环境违法案件,我国目前多是"以罚代管",公众很难直接受益,公众诉求缺少激励。

第三,单薄、松散、非专业的公众组织难以影响政府环境治理的绩效。

力量均衡的双方才能长久相互制约。经济学证明,无论是卖方垄断还是买方垄断都不能实现资源的有效配置。个人难与实力雄厚、组织严密的企业相抗衡,个人的环境诉求也难以引起重视。无论是西方的投票机制还是我国的公众集聚方式,都是要达到一定的数量才能推动公众诉求引起行政部门的关注。因此,单薄、松散的公众组织的诉求很难实现。同时,公众诉求如果缺乏组织依托,容易简单化并失去调和弹性,甚至可能会演变为暴力抗争,偏离其最初的诉求初衷。此外,单薄、松散的公众组织吸纳到专业人士的可能性很小,而专业人才的缺失会使其诉求具有非稳定性。① 一方面,企业对公众诉求表面重视实际敷衍,环境危害状况不能有效纠正,公众诉求难以实现;另一方面,由于缺乏专业,公众会以假想的环境危害一味地抵制不了解的环境项目,导致"环境防卫过当"。实证数据显示,公众诉讼的关键在于污染是否易见,而非该污染对健康的伤害程度。此外,公众诉求的偏离可能会导致国家有限环境救治资源的浪费。如果公众诉求造成了严重的资源浪费,那么其存在的合理性将受到质疑。

① 王彬.我国公众参与环境保护路径的变革[N].法制日报,2014-10-29.

2. 公众诉求提升政府环境治理绩效的制度改进

1) 完善对地方政府官员的考核体系

在我国财政分权、经济增速下调的背景下，地方政府袒护资本的现状不会明显变化，中央政府通过强制手段敦促地方政府保护环境仍是今后的主导模式。为了提高环境治理绩效，中央政府应该完善对地方政府官员的考核体系。具体来讲，一方面应增加环境治理绩效考核的权重，另一方面应优化其考核内容。只有增加环境治理绩效考核的权重，地方政府才会重视环境治理，重视公众的环境诉求，并对公众的环境诉求做出回应。同时，在考核内容上应偏重于地方政府的环境治理效果，而不是环境设备投资量或环境立法数量。如果考核指标偏重环境治理设备购买量，那么地方政府可能会迎合中央环境治理的战略，增加环保设备的购买量，但并不严格要求企业使用环保设备，这会使环保设备成为摆设。此外，环境立法的治污效果不仅依赖于文本立法，更取决于环保机构实际执法的严厉与否。实证研究表明，1996—2004 年是各地方政府环保立法的高峰期，但是环保立法并不能明显改善环境污染，更有甚者，在一些执法不严的地区，重污染企业还会扩大其污染密集型产品的产量，即采取提前污染的做法来应对立法政策。因此，只有环保部门的严格执法才能明显促进污染排放总量和单位排放强度的下降。[①] 同时，中央政府应该完善对环保部门的行政问责制度，加大对环保部门的巡视力度。

2) 加强对地方政府干预法院受理公益诉讼案件的监督

新修订的《环境保护法》被称为"史上最严环保法"，但是由于中央与地方政府的目标不一致，如果不改变中央政府对地方政府的 GDP 考核指标以及财政分权制度，地方政府对地方法院受理环境公益诉讼案件的干预就难以遏制。在这样的背景下，为了规避地方政府干预地方法院受理公益诉讼案件，中央政府必须出台相应的政策文件约束地方政府干预地方司法。2015 年 3 月，中共中央办公厅和国务院办公厅联合下发了《领导干部干预司法活动、插手具体案件处理的记录、通报和责任追究规定》，这一规定对地方政府干预地方法院受理公益环境诉讼案件起到了一定的遏制作用。

---

① 包群，等.环境管制抑制了污染排放吗？[J].经济研究，2013(12)：90.

3）成立民间组织公益基金,尝试多样化的公益基金管理模式

环境公益诉讼提高了企业破坏环境的成本,有效地遏制了企业污染环境的行为。例如,2015 年 7 月 9 号,大连市环保志愿者状告中国石油天然气集团有限公司(以下简称中石油)"7·16"起火事件的诉讼,最终中石油愿意拿出 2 亿元用于海洋的修复和保护。① 目前推行环保公益诉讼的最大的障碍是资金约束。因此,为了支持公益环保活动,社会应通过多种渠道成立民间或官方的环境公益诉讼基金会,用公益基金资助和支持公众进行环境公益诉讼,提高公众的环境公益诉讼能力,实现环境公益诉讼制度的真正落实。同时,环境公益诉讼基金会还要创立多种形式的基金使用模式,以高效、节约的方式使用环境保护公益诉讼基金。例如,广州市天河区检察院、天河区环保局、广东省环境保护基金会签署全省首个环境公益诉讼三方协议,除了个人或团体可以向基金会申请公益诉讼基金外,该协议还开创了由起诉人、检察机关和行政监管部门三方联动的诉讼新模式。这种由基金会出面作为诉讼主体,由环保机构、检察院提供专业支持的诉讼新模式,将对污染企业起到强大的威慑作用。自然之友环境公益基金会实施的滚动支持模式也很有借鉴意义。② 该基金会向全国征集环境公益诉讼个案支持项目,其资助重点是拟提起环境公益诉讼的案件,确保拟提起的环境公益诉讼案件的前期调研活动及时开展。同时,如果基金资助的个案获得胜诉,其获赔资金再返回基金池,用于支持新的公益诉讼个案。

4）强化公众参与环境治理的权利

权利配置是公众参与环境保护的深层推进机制和长效机制。在权利配置中,公民环境权是公众参与环境保护的权利基础。我国应该在《宪法》中明确规定公民的环境权,把公众参与内化到地方政府和污染企业相互制衡的体系内;应在立法层面、具体制度层面实现公众在环境治理中全程参与的制度权利。

5）弱化地方政府对污染企业庇护的权力

共同的利益和信息不对称是政企合谋实现的关键条件。在中央政府

①　闫平,吴萧剑.中国环境公益诉讼渐成热点[N].西部法制报,2015-07-16(02).
②　匡春风.新环保法实施后环境公益诉讼起跑[J].中华环境,2015(12):25.

以 GDP 为主要考核指标的背景下,污染企业与地方政府具有利益的一致性,具有合谋的基础。在中央政府加大环境治理绩效考核权重的情况下,地方政府与污染企业存在利益背离的可能性,但是如果该权重小,两者背离的可能小,因此,中央政府应加大对地方政府环境治理绩效的考核权重,加大企业和地方政府利益背离的力度。同时,信息不对称是政企合谋的另一基础,因此,中央政府应采取措施尽可能地要求地方政府和企业公开环境信息。近年来,企业选择披露环境信息的比例和水平逐年提高,但披露内容具有选择性和应对性,对污染物的排放后果等信息披露不足。来自环保部门的公共压力及企业品牌声誉的内在激励等因素显著地影响着企业对环保信息披露的频率和水平。因此,政府可以通过完善环境监管制度敦促企业对环保信息进行披露,同时加强环保部门、证监会对企业环保信息披露的责任约束,增加企业环境信息披露不充分的政治成本,敦促企业加大环保信息披露力度,使其走上清洁生产的道路。此外,品牌声誉也是影响企业环保信息披露的重要因素,政府可以通过制度安排使政府拨款、财政补贴、税收减免与企业的品牌、环保业绩及环保信息披露质量挂钩,通过资源激励企业加大信息披露的质量和数量。①

6)培育博爱型公众参与团体

我国长期实行政府主导型的环境一元治理结构,政府多采取强制型手段进行环境治理,公众在环境保护中为被动角色。公众把环境保护看成是仅与政府或他人有关的事情,公众主动参与环境保护的积极性不高,只有当自身的环境利益遭受显著损害和面临严重损害威胁时,公众才会积极参与环保活动,一旦威胁减弱或消除,其参与热情立马减退,博爱型的公众参与较少。目前,我国环境污染情况非常严重,已经从东部蔓延至中西部,从陆地蔓延至海洋,从地上蔓延至地下,只有全民参与才能从根本上改善环境。环境污染治理具有显著的正外部性,只有培养博爱型的公众参与主体才能持续推动环境保护并维持环境保护成果。首先,要培养公众环境保护的使命感和荣誉感,增强公众参与环境保护的动力。博

① 王霞,等.公共压力、社会声誉、内部治理与企业环境信息披露——来自中国制造业上市公司的证据[J].南开管理评论,2013(2):47.

爱型公众参与对于生活型环保尤为重要,因为生活型环保在很多情况下依赖于公众思想意识、行为习惯的改变,环境保护的使命感和荣誉感更能激发公众的积极性。其次,为了保持公众参与环保的积极性和持续热情,政府应采取措施让公众感受到环保成效,从而激发公众的环保成就感。一旦公众养成环境保护的习惯,公众参与的群众基础必将扩大,公众参与的积极性也将更高,公众诉求将更有建设性。最后,政府应拓宽公众参与环保的渠道并落实公众诉求。目前,公众参与环境保护的渠道虽然有很多,如座谈会、听证会、问卷调查、电话访谈等,但这些渠道大多流于形式,并不能真正影响政府的政策制定和企业的环境治理行为,导致公众参与环保的积极性不高。因此,政府应落实公众诉求,只有这样才能激发公众参与的积极性。此外,政府还应鼓励构建专家参与的环保社团,使公众诉求更具专业性和针对性。

(三)生产者的环境污染逻辑及其政府治理措施

1. 农业生产者环境污染的逻辑及政府治理措施

1)农业生产者高碳、高污染方式的内在逻辑

目前,我国的农业污染已经成为重要的面源污染源。[①] 第一次全国污染源普查公告显示,2007 年农业排放的化学需氧量(COD)、总氮(TN)和总磷(TP)达到 1 324.09 万吨、270.46 万吨和 28.47 万吨,分别占全部排放量的 43.71%、57.19%和 67.27%。特别在水污染源上,农业和农村污染已经超过工业成为首要的污染源。以太湖为例,中国科学院南京土壤研究所对太湖流域农业面源污染的进一步研究显示,在太湖的外部污染总量中,工业污染仅占 10%～16%,而农业面源污染占比已上升到 59%。[②]

我国农村环境污染的主要原因是农业生产中化肥、农药和农用薄膜的过量使用。此外,农业生产者的主体因素也是造成农村环境污染的重要原因。农业生产者分为传统的个体生产者和农业生产大户,他们高污染生产行为的原因并不相同。

---

① 李红.中国农业污染减排与绿色生产率研究[D].合肥:合肥工业大学,2014.
② 韦黎兵.谁污染了中国的水?[N].南方周末报,2010-03-24.

(1) 传统的个体生产者高污染生产行为的原因分析。

传统的个体生产者依然是我国农业生产的主体力量。近年来,由于城镇化的发展,我国农村劳动力大量向城市转移,导致农村的劳动力结构发生巨大变化,这主要表现为老龄化和女性化。目前,我国农村的老龄化程度已经超过城市,而且农村农业劳动力中女性所占比例和劳动时间份额都高于男性,并呈波动上升趋势。此外,我国农村劳动力还存在教育水平不高的特征。这些农村劳动力现有的结构和主体特性决定了我国传统农业劳动生产的高污染性。

以农药过量使用为例,传统个体生产者的主体特征决定了其农药施用行为的随意性。主要表现在以下几个方面。[1] ①个体农户施用农药的主要动机是防止产量损失,在农药的选择和药量的使用上凭主观经验,认为农药的喷洒量越多杀虫的效果越好。调查数据显示,78.98%的农户在购买农药时首先考虑其防治效果,仅有21.02%的农户考虑其毒性的大小。②个体农户使用高毒农药的比例高。据统计,高毒农药的使用量占所用农药比例50%的农户占样本量的10.61%,高毒农药的使用量占所用农药比例20%的农户占样本量的31.25%,生物农药的使用比例在20%以下的农户占比高达35.23%,甚至很多人根本就没有接触过生物农药;同时,完全不知道禁用高毒农药名称的农户占比为29.92%。③配药方式随意。农户家中多没有专门的计量器具,所以对农药的配比和混合很随意。调查数据显示,在农药配比方面,用瓶盖量取的占71.78%,不借用任何工具凭经验配取的占25.57%,仅有2.65%的农户用量杯准确称量配药;在农药混合方面,有77.46%的农户是直接往药箱内加水加药,在喷雾器内部混合,只有22.54%的农户用专用的配药桶采用二次稀释法配制药液。④随意混配使用农药。有多达75%的农户将多种农药混合使用,希望达到兼治多种病虫害的目的。⑤预防性喷药的少,农药的喷洒时间多选择在病虫害出现后。其中,44.70%的农户根本不清楚病虫害的防治适用期,没虫不打药,病虫害大量出现以后才打药。⑥正确遵循农药安全使用间隔期要求的农户少,甚至有不少农户根本不知道什么

① 周真等.农药使用情况调查、存在的问题及建议[J].农药科学与管理,2010(13):68.

是安全使用间隔期。总之,传统个体农户的主体特征决定了农户对农药安全使用知识的缺乏,而活跃在农业生产一线的农户对农药安全知识的缺乏必将导致农药在农业生产中的过量使用,进而造成环境的持续污染。

（2）农业生产大户高污染生产行为的原因分析。

随着我国城镇化进程的加快,进城务工人员快速增加,农村土地的流转速度开始加快,土地流转面积开始增多。于是,农民合作社和规模化经营农户开始大量出现,这意味着我国农业生产的主体正在发生变化。农民合作社和规模化经营农户的主体特征与传统的个体农户相比有着显著的差异：年龄更为年轻,知识更为丰富。规模化生产的主体多是在外务工返乡的知识青年和创业的大学生,以及专门从事农业生产的拥有雄厚经济实力的企业,这些企业通常有专业化的研发团队和营销团队。

合作社的兴起、规模化经营主体的增多、订单化市场经营模式的兴起为农村生态环境的改善奠定了良好的组织基础。但是经营主体组织模式、经营模式的变化并不一定会减弱农业生产中农药的施用量,农业生产者是否减少农药的施用量更多的是取决于政府监管、病虫害保险等其他因素。实证的结果[①]表明,农药的施用量与以下几方面因素紧密相关。①产量对农药施用量的影响显著,即如果农户认为农药对作物的产量影响的预期越大,则越倾向于超量施用农药。②价格对农药施用量的影响为正,即如果农户认为产品的绿色安全性可以使产品卖出好价钱,则农户超量施用农药的概率较低;反之,如果产品的绿色安全性对产品价格没有影响,则农户超量施用农药的现状不会改变。③签订售前合同的农户反而更倾向于施用农药,售前合同并没有对农户的农药施用行为形成约束,因为售前合同是农户和经纪人签订的,且签订的多是数量合同,农药的多少对于经纪人的收入并不形成影响,喷洒了农药的产品反而能够增加其卖相,更利于其销售。④如果农产品市场对农产品的农药残留量检测严

---

① 王常伟,顾海英.市场 VS 政府,什么力量影响了我国菜农农药用量的选择?［J］.管理世界,2013(11)：65.

格,则农户降低其农药施用量的积极性就比较高,如卖往我国港台地区或国外的农产品,由于产品销售地对产品的农药检测都比较严格,所以销往该地的农药残留就比较少;反之,农产品市场对农产品的农药残留量检测不严格,则农户降低其农药施用量的积极性就低。⑤如果市面上有与农作物病虫害相关的保险,则更多的农户愿意参与病虫害保险,并相应降低农药的施用数量。

2)政府改变农业污染的环境治理措施

农村的生态环境与在农村生活、生产的各类主体密切相关,因此,农村生态环境的改善,应针对不同主体产生污染的原因施以针对性的措施。

(1)针对传统的个体生产者,应采取以下农业环保措施。

首先,严格监管农药的生产和销售。目前,我国农村的生产者多为中老年人,他们的文化层次低,与外界交流少,对新事物的接受能力弱,不能有效地区分高毒、剧毒等禁用农药。因此,政府应从源头上实施严厉的监管,防止企业生产和销售明令禁止的高毒、剧毒农药。

其次,研发高效的生物农药或低毒农药。政府应加大生物农药、低毒农药的研发,降低生物农药、低毒农药的成本,并对此类农药的销售实施一定的补贴。如果低毒农药防治病虫害的效果好,价格和高毒农药持平或者稍低,农户就会接受低毒农药。但是在低毒农药推出的初期,政府应该为低毒农药生产厂家的宣传、销售提供方便,并提供一定补贴。

最后,加强农药施用知识的宣传培训工作,尤其是面对面的宣传培训。传统的个体生产者由于年龄结构、知识结构的原因,其对农药正确施用的知识非常匮乏,这是农药过量施用的重要原因。因此,政府应加大农药正确施用的宣传和培训,而且宣传形式应该多样化,如报纸、宣传单、电视等。在生产的关键季节,要深入田间地头,对农户进行面对面的培训,使其充分认清违规用药的危害性,了解安全用药知识,掌握安全用药技术要领。同时,应建立完善县乡级的病虫测报网络,多介绍新的生物防虫知识,使农户确切了解病虫害的发生动态和规律,把握最佳的农药喷洒期。另外,应加强对农药经营人员的农药专业知识培训,并要求其在售卖的过程中向购买农民讲解正确的农药使用方法。这将对农药知识的普及起到事半功倍的效果。

（2）针对规模化经营的农业生产大户，应采取以下农业环保措施。

规模化经营的农业生产者或者是参与农业合作社的农业生产者由于其经营的农作物面积大、投入农业生产的资金多、专用性资金多，所以他们拥有专业化的生产团队且与外界农技部门有较多联系，因此从理论上讲，他们更重视农业生产技能和农药的正确施用方法。但遗憾的是，相关调查数据并没有显示出规模化经营的农业生产者在农业生产中有降低农药施用量的明显趋势。那么，政府应该通过农药使用知识之外的途径降低其农药的施用量。

目前，政府对农药残留进行严格监管是降低规模化经营的农业生产者农药过量使用的关键制度措施。如前所述，农业生产者加入农业合作社并不是农业生产者降低农药施用量的充分条件，农业生产者签订单纯的售前合同也不能显著降低其农药的施用量。但是，如果农产品进入市场时面临严格的农药残留检验，则能够显著降低农业生产者的农药施用量。因此，降低农药施用量的关键制度因素是严格我国农产品农药残留的政府监督。

政府对农产品农药残留的监管是一项系统性工程，首先应制定严格、详细、可操作的农药残留检测标准；其次应加强对监管人员的教育、监督，防止监管者不作为；再次应加快便宜、高效、低毒农药的研发、生产和推广，使农户乐于接受低毒农药；最后应加强农药监察信息的透明度，同时应加大对违法施用农药的处罚宣传，让农户意识到过量施用农药的严重后果。

2. 工业企业污染者的环境逻辑及政府治理措施

1）工业企业污染环境的逻辑

（1）财政分权制度与工业企业环境污染。

我国实施财政分权后，中央政府将税收、事权、人事权、经济权和部分法律权力在中央政府和地方政府之间进行了划分，这使地方政府产生了发展地方经济的巨大内在动力。"一穷二白"是我国经济发展的基点，资本对地方经济发展的意义非同寻常，因此，地方政府对资本具有狂热的追求。同时，地方政府官员升迁的一个重要考核指标是 GDP 增长速度，这进一步加剧了资本的重要性，使得地方政府追求资本的冲动处于一种持续、狂热的状态。在环境治理中,如果企业在环境治理方面增加投资,将会增加成本、降低利润,企业具有减少环境投资的倾向,并进而向地方政府寻找庇护。因此,在财政分权框架下,地方政府对于企业环境污染行为的庇护是环境污染的重要原因。

(2)落后的环境产业技术。

企业的环境污染行为与企业本身的生产技术和环境产业技术水平密切相关。低碳经济发展模式的实现取决于一国的技术水平、能源结构、社会制度、资源配置效率、发展阶段、人口结构等诸多因素,但其关键的实现要素是技术进步。

环保技术的创新与一个国家的整体科技发展环境有关,也与环境规制的大环境有关。要素相对价格变化是引导资源配置的重要风向标,要素稀缺性变化导致要素的相对价格的变化,并诱导企业技术创新。市场需求是拉动技术创新的重要力量,预期大的市场规模需求是推动技术创新的重要推动力量。环境政策的传导机制不同于其他政策传导机制,政府政策对企业行为的影响是通过政策直接作用于企业实现的,而环保政策是通过政策影响污染企业的生产成本或利润,导致污染企业对环保产品产生需求,从而促进环保产业的发展。环保政策传导的间接性导致了环保产业对政府的环境规制、治理政策更为依赖。我国地方政府对企业高度依赖,对企业的污染行为具有一定的包庇性。在没有政府强力规制的情况下,巨额的环保投入将增加企业的生产成本,降低企业的竞争力。因此,在没有政府规制的情况下,以利润最大化为目标的企业很少会主动增加环保投入。政府对企业环境污染的庇护必将减少环保产业的市场份额。

(3)不完善的政府环境规制。

环境规制对环保技术创新具有正向的激励作用,严格的环境规制可以显著地促进环保技术创新。环境规制手段分为激励性规制、行政命令控制型规制和其他规制手段。政府在早期的规制过程中多是通过以罚代管的手段来规制企业,在治污成本高的情况下,企业多是交钱了事,并不专注于环保技术的改善。因此,命令控制型环境规制手段对生产技术进步的推动作用不明显。同时,我国环境执法不严也是企业污染高的重要原因。严格执法的地区无论是污染物排放总量还是单位排放量都有显著下降；没有严格执法的地区，环境治理效果都不明显。新中国成立以后，我国出台的环保法律法规总共 120 余部，但执法情况并不客观。统计数据显示，自 1996 年以来，环境污染事件每年以 20％以上的速度递增，其关键原因就是在环境治理方面执法不严。

自 2012 年国家出台生态文明建设国家战略后，中央非常重视环境治理。其中一个重要的措施是：为了有效地监测各地的环保状态，国家花费上百亿元安装了企业污染源排放监测设备以实时监测全国上万个重点污染源，截止到 2014 年 6 月，全国已经有 14 410 家国控重点污染源接入了这一网络。但是这耗资百亿的在线监测网络体系几乎成了摆设，对污染源进行监控并没有杜绝被监控企业的违法①。众多企业通过"硬件手段 *"和"软件手段 **"干扰自动监测设备的正常运行，进行数据造假，规避监管。环保数据造假既有地方政府的纵容、指使或暗示，也有企业的直接参与实施，甚至也有第三方监测机构的暗中配合②。

针对环保数据造假问题，政府规制手段不断调整，常见的规制思路大致有三大类。第一大类是加大惩罚力度，增加违规行为的成本。数据造假涉及的主体有地方政府、生产企业和第三方监测机构，因此，首先，加大对地方政府及相关机构参与数据造假人员的惩罚力度，如新修订的《环境保护法》以及《国务院关于印发大气污染防治行动计划的通知》《环境监测数据弄虚作假行为判定及处理实施细则》等都对参与造假的地方政府和相关机构人员的处罚做出了明确的规定；其次，加大对违规企业的惩罚力度，如对企业进行经济处罚、行政处罚、法律惩罚；最后，加大对参与环境监测数据造假的第三方环境监测机构及运维企业的惩罚力度，如追究其连带责任和法律责任，并将违规机构及相关人员列入黑名单，禁止其参与

---

①　王瑞红.环保数据造假为什么屡禁不止[J].资源与人居环境,2016(7).

　*　"硬件手段"是指企业通过破坏采样系统造假，主要包括设备采样探头安装位置不当；采样管设置旁路，用自来水等低浓度水稀释水样；采样管路人为加装中间水槽，故意向中间水槽内注入其他水样替代实际水样；甚至直接拔掉采样探头，断开采样系统，致使监测设备采集不到真实样品。

　**　"软件手段"是指企业通过修改设备参数，把不达标数据变为达标数据。如实际监测的排放浓度为每立方米 1 000 毫克，在软件计算时加个 0.1 的系数，结果就成了每立方米 100 毫克。

②　梁光源.偏离正轨的检测数据[J].环境,2014(10)：10-13.

环境监测服务或者政府委托项目。第二大类是加大对企业的监管强度和监控能力,如2013年原国家环境保护部、国家发展和改革委员会、财政部联合投资400亿元实施基础、保障、人才等三大工程加强环境监管能力。第三大类是用先进的监管技术来应对企业的监测数据造假行为,即"用更好的技术更好地解决问题"。由于企业造假行为的科技含量越来越高、越来越隐蔽,针对众多生产企业"软件造假""硬件造假"的行为,很多省份的环保厅组织研发推广了污染源自动监测设备动态管控系统,这套动态管控系统的推广大大提高了监管效率。但是,这一系列规制措施的集中出台并没有有效地解决环保数据的造假问题。2015年,全国共发现2 658家污染源自动监控设施存在不正常运行、弄虚作假等问题。政府规制如此严格,为何环保数据造假问题还会频频出现呢? 其原因众多①,其中重要的原因有两个。一个原因是目前在国家层面上进行的很多评比都和环境治理情况挂钩,如创建环保模范城市、全国空气质量城市排名、污染物总量控制考核等。为了在评比中独占鳌头或者是不因落后而被点名约谈,很多地方政府会参与到环保数据的造假中。比如在治理雾霾方面,很多省市政府确实做了艰苦卓绝的努力,如每日对城市主要干道洒水,对所有企业进行环保整改,实施长达三个月"封土期"等措施,政府环境治理是费尽心力,但由于关键环保技术达不到,环保治理效果并不是很显著。在这种情况下,地方政府就可能会纵容、指使、暗示生产企业造假。而且中央政府对地方政府施加的环保压力越大,地方政府采取"非常措施"的可能性越大。另一个重要的原因是企业环保数据造假的成本低,收益大。有资料显示:一个规模企业每日治污费用高达数万元甚至高达十几万元,而企业环境数据造假的成本每日不超过100元。在差额巨大的情况下,即使被发现时处罚严格,企业也会挺身冒险②。通过上面的分析可知,在环保技术不足、信息不对称、诸多掩饰因素存在的情况下,单纯地增加对地方政府、生产企业和第三方监测机构的处罚力度,这种环境规制手段和措施是没有效果的。

① 王瑞红.环保数据造假为什么屡禁不止[J].资源与人居环境,2016(7).
② 刘效仁.环境数据造假成潜规则只因造假成本低[J].绿色视野,2016(8).

2）工业企业污染环境的政府治理措施

（1）激励企业走节约型经济发展道路。

技术进步走向具有较强的路径依赖性。当技术表现出较为明显的非绿色偏向或者绿色偏向时，技术进步会加强原有的偏向。因此，当生产技术表现出明显的非绿色偏向时，政府应进行必要的干预才能改变技术进步的方向，使技术进步转向绿色发展轨道。同时，政府的环境治理措施实施得越早，本国的环境状况改善得越快。因此，政府必须下定决心升级产业技术，优化产业结构，力求实现企业的节约发展。

（2）完善中央政府对地方政府官员的考核体系。

制度变革具有显著的路径依赖性。在我国财政分权、经济增速下调的背景下，地方政府庇护资本的现状不会明显改变，因此，中央政府通过强制手段敦促地方政府进行治理环境仍是今后的主导模式。为了提高环境治理绩效，中央政府应该完善对地方政府官员的考核体系。具体来讲，一方面，中央政府应增大对地方政府环境治理绩效的考核权重，在考核内容上更偏重于地方政府的环境治理效果，而不是环境设备投资量或环境立法数量。另一方面，中央政府应完善对环保部门的行政问责，加大对环保部门的巡视力度，弱化地方政府与污染企业合谋的基础。共同的利益和信息不对称是合谋实现的关键条件，因此，中央政府应采取措施尽可能地要求地方政府和企业公开环境信息。政府可以通过制度安排，使政府拨款、财政补贴、税收减免与企业的环保业绩、环境信息披露质量挂钩，通过资源激励企业加大信息披露的质量和数量，弱化地方政府的规制权限。

（3）优化制度安排，鼓励环保产业发展。

不同行业环境治理的正外部性大小不同，对于正外部性大的环境治理，公众参与的积极性低，政府应采用行政手段进行环境治理；对于正外部性小的环境治理，公众参与的积极性高，政府应该以市场手段进行环境治理。例如，环保产业在我国是新兴产业，处于企业生命周期的初期，具有多样化产业的城市更利于其发展。因此，政府应鼓励特大城市、大城市多出台扶持环保产业发展的政策，以引导环保产业在该地区的发展。

三、转换环境治理风格，变革国家环境治理范式

（一）环境治理风格转变的背景——国家治理范式变革

新中国成立初期，我国选择的是"后发外生型现代化"道路。受"后发外生型现代化"特点的约束，我国采用了政府主导型发展战略、全能型政府治理范式和管制型政府治理风格。[①] 全能型政府治理模式和管制型政府治理风格是计划经济体制的必然选择，该治理模式和治理风格也在一定时期内推动了我国经济的发展和社会稳定。但是改革开放后，我国的社会结构和利益格局发生了重大变化。随着双轨制的逐步推进，社会利益结构发生了巨大变化，各经济参与主体的利益开始分化，市场机制逐渐成为社会资源分配的主要机制。因此，管制型治理模式所依赖的社会原有单位体制逐步弱化，管制型治理模式逐渐失去了其管制的社会基础。随着我国国有企业的股份制改革，国有企业、行政事业单位的社会化功能开始剥离，民营经济随之兴起，个人对单位的依赖性逐渐减弱。更为重要的是，为了适应我国社会主义市场经济体制的运行，政府的权力逐步向外和向下转移，全能型政府逐渐向有限型政府变化，政府的公共服务开始引入公民参与和公民评价，政府的治理范式也正在从管制型政府向服务型政府转变。我国经济体制、社会结构、利益结构的诸多变化导致了政府治理模式的变化，而政府治理模式的变化将带来政府治理风格的变化。因此，我国环境治理风格也遵从政府治理风格的转型，从原来的管制型风格向"政府主导—官民协同"的多中心治理风格转变。

（二）新环境治理风格的特点

多中心治理理论是新兴公共管理理论。[②] 1951 年，英国自由主义思想家迈克尔·博兰尼首次提出了多中心治理的论点，后来，美国政治经济学家文森特·奥斯特罗姆进一步完善了多中心治理理论。多中心治理具有以下五项基本特征。①治理主体除了政府还包括国际组织、企业、公

---

① 张立荣,冷向明.当代中国政府治理范式的变迁机理与革新进路[J].华中师范大学学报（人文社会科学版）,2007(2).

② 王志刚.多中心治理理论的起源、发展与演变[J].东南大学学报（哲学社会科学版）,2009(12)：36-37.

民、非营利性组织等。②网格化的组织架构。国际组织、非营利组织、企业和公众都是网格化组织架构中的一个个节点。开放性的网格结构打破了官僚体系中的封闭信息循环,使处于每个节点上的主体可以进行开放的、跨越层级的、循环往复的交流,直接表达各自的利益诉求。新闻媒体和信息技术进一步提高了网络上各节点交流和沟通的便利性。③治理目标是超越阶层利益,实现公民利益最大化。④指标评价体系既包含政府官员的政绩考核,也包含公共资源是否充分利用。公民、社会团体、企业不仅积极参与公共事务,还参与公共事务的治理和绩效评价。⑤在多中心治理体系中,政府和公民个体都可以提供社会公共产品和服务,不同主体提供公共产品的成本不同、区域不同,其需求也并不相同,都追求自身利益最大化,这就决定了各主体之间必然是竞争与合作的关系。各主体通过谈判、协商达成统一的行动策略,在竞争中实现合作。

(三) 环境治理风格转换的社会基础

1. 发达的公民社会是多中心治理理论的主体基础

公民社会是通过各种自治组织而非政府对社会进行治理和提供公共产品的。公民社会的主要组织形式有:基层群众自治性组织、社会团体法人、行业组织(律师协会、注册会计师协会、医师协会等)、非政府组织和非营利组织等。公民社会的存在对于环境治理具有重要意义。首先,环境治理涉及的区域广、治理对象多,政府直接治理的交易成本高,从经济收益角度看不划算,于是新治理主体的出现便具有了合理性和必然性。把分散的公民集合起来形成基层自治组织并允许其行使自我治理权力,这一做法将减轻政府治理压力。其次,环境治理中公民众多的个性化需求政府是无法满足的,但是公民自发成立的各种社区组织却能满足。因此,公民社会逐渐成为环境治理的主体。

2. 政府分权是环境治理风格转变的关键前提条件

在多中心治理模式中,治理的主体除了政府之外,还有其他多个主体。首先,众多的主体在参与环境治理时必将要求分权。其次,在公民社会里,公民通过选举产生政府,通过税收维持政府的运行,公民的权利意识很强。强大的公民社会必然要求政府向服务型政府转变。再次,我国早期的中央集权、强力管制的模式已经不适合目前复杂的环境治理形势。

改革开放后,我国的政治体制已经从集权模式向分权模式转变,因此,环境治理体系也必然随之而变,环境治理分权也将成为必然。最后,分权式的治理模式能够提高地方政府和企业在环境治理方面的积极性,从而提高环境治理效率。

3. 成熟的市场机制是多中心治理的机制基础

目前,我国环境污染的主体是工业企业,环境污染状况的根本性改变取决于企业生产技术的改进和污染治理技术的研发、推广。但企业是否采用先进的生产技术以及是否投资于环保产业,最终取决于企业能否从这些经济活动中获得好处,因为利润是推动企业进行生产的源动力。因此,如果仅仅依靠行政机制,则环境治理是不具有持续性的。只有成熟的市场机制才可能使环保企业或采用环保技术的高科技企业获得好处,环境治理才能获得持续的效果。

4. 完善的法律制度是治理风格转变的有效保障

在政府管制体制下,环境治理效果高度依赖行政命令。在多中心治理体制下,若要保证除政府之外的其他主体的长期积极参与,则必须完善我国的法律制度。首先,在政府环境规制活动中可能会产生规制俘获现象。现行的行政问责制度由于问责主体的同体问责、法律位阶低、问责制度设计缺陷、行政问责威慑力弱等问题的存在,不能够对规制者的违法行为起到有效的约束作用。但规制者是环境治理制度的顶层供给者,如果不能有效约束规制者的违法、错误行为,多中心治理理论必将沦为空谈。其次,从企业的角度看,企业的本性是以最小的成本获取最大的利益,如果法律不完善、对企业污染环境的惩罚力度小,那么企业必将疏于环境治理。只有建立完善的法律制度,加大企业污染的成本,才能有效制止企业的污染行为并激励企业采用环保技术。同时,有了完善的法律制度,企业的环境治理行为也能做到有法可依。

(四) 环境治理风格转变的途径与措施

1. 培育公众环境治理主体,推动公众治理环境的积极性

公众积极参与环境治理是转变我国环境治理风格的重要基础。近年来,我国公众参与环境治理的积极性有所提高,且政府对公众的环境治理诉求也有了积极的回应,但我国公众在环境治理方面仍对政府具有较强的依赖性。为提高公众参与环境治理的积极性,政府应重点做好下面几项工作:①加强青少年的环境意识教育,使环境保护成为人们日常的内化行为;②普及环境保护法律,让公众了解掌握环境保护的武器;③成立民间公益基金组织,尝试多样化的公益基金管理模式,用公益基金资助和支持公众提起环境公益诉讼,提高公众环境公益诉讼的能力,实现环境公益诉讼制度的真正落实;④强化公众参与环境治理的权利,在立法层面、具体制度层面实现公众在环境治理中的全程参与权利;⑤弱化地方政府与污染企业合谋的基础;⑥培育博爱型公众参与团体。

2. 完善政府环境治理权力结构安排,实现规制集权与分权和谐

我国的环境规制体系历经多项变革,目前已经建立了形式完备的环境规制体系,而且政府也拨付了大量的环境治理资金,但是我国的环境治理效果仍不理想。众多学者在分析规制失效的原因时,多强调规制俘获、行政腐败、法治薄弱、规制承诺等方面的原因,很少跳出环境规制体系去分析规制失效的原因,其实规制质量和规制效果更多地受制于规制之外大的宏观制度环境,因此,完善与规制配套的制度环境是改变规制失效的关键路径。[①]

改革开放以来,我国最大的改革是分权与集权。我国环境规制的权力构成是集权和分权的混合。在财政分权的制度背景下,地方政府为了实现地方利益,在环境治理上具有强烈的地方保护冲动,对中央的环保政策执行不力。现实中,有相当一部分地方政府不落实自身的环境保护责任,导致环保的压力层层衰减,越到基层责任越不清晰,落实越不到位。同时,还有大量的企业不重视污染治理,违法行为屡禁不止。因此,我国应改变在环境治理方面地方政府过度分权的状况,通过环保系统垂直管理的方式加强中央政府环境治理的权威,通过中央集权来提升环境治理效率。此外,我国的环境治理应呈现出多中心治理模式的格局:涉及国家重大环境质量监测的,由国家部门负责,县、市级的环境执法权、事权收回省级环境监测部门,一些末端的环境监测则全部放开由社会来负责。垂直化管理是我国环保体制的重大改革,它将弱化地方政府对污染企业的

---

① 韩超.社会性规制扭曲的形成及其治理研究[D].大连:东北财经大学,2012.

保护权力,提高环境治理效率。同时,在新的环保体制下,国家还应采取以下措施:①垂直化管理体系下,对县级监测部门进行人员整合、专业培训;②继续保持中央政府对地方政府官员的约谈制度,约束省级政府在环境治理中的偏离行为;③保证环保监测机构监测数据、处理数据的公开,缩小环境监测部门的权限,减少其权力寻租空间,防止监测机构的规制俘获;④提升社会监测部门监测的公正性和权威性,防止社会监测部门被利用;⑤提升环境规制技术,防止规制仪器的闲置和浪费;⑥完善落实大气、土壤、水等环境保护的评估标准,完善对环评部门的考评制度。

3. 完善市场机制,强化企业环保行为的市场激励

首先,价格机制是市场机制重要的组成部分,相对价格是引导资源配置的重要指标。目前,我国部分生产要素的价格仍然存在扭曲,生产要素价格的扭曲不能正确引导社会资源的配置,因此,我国应该加快完善价格体系。

其次,环境治理具有正外部性,正外部性的大小不同,公众参与的积极性也不同,对于正外部性大的环境治理,公众参加的积极性小,政府就采用行政手段进行环境治理;对于外部性很小的环境治理,公众参与的积极性高,政府应激发公众对私利的追求,引导公众参与环境治理。

最后,我国环境治理的改善必须依靠环保技术的改进。目前,我国的环保技术还不够成熟,政府应通过一定的手段、措施激励环境保护企业的发展,以促进我国环境技术的进步。此外,政府应加大对污染企业的监管和惩罚,进而拉动环保产品的市场需求,扶持环保企业的发展。

四、环境治理技术创新的制度安排

(一)低碳发展与技术进步相关联

低碳经济发展的核心动力是技术的进步。低碳经济发展模式的实现取决于一国的技术水平、能源结构、社会制度、资源配置效率、发展阶段、人口结构等诸多因素,但其关键的实现要素是技术进步。

从环境治理的角度看,技术进步分为企业本身生产技术的进步和环保产业技术的进步。技术进步对经济发展的作用主要表现在以下几方面:①技术进步可以改善生产要素的质量和效率;②技术进步可以提高资源的利用效率,可以用新材料替代高污染、高能耗的材料,从而实现低碳经济；③技术进步可以形成新兴产业和新的经济支撑力量，使经济增长摆脱对高能耗产业的依赖，实现产业结构的优化，形成低碳经济发展模式；④技术进步可以改善国际分工、国内分工，在更为广阔的范围内配置生产资源，从而减少高污染物质在生产中的使用。

（二）环境治理技术创新的影响因素

1. 影响企业生产技术创新的因素

1）国家整体技术水平、知识储备对企业生产技术创新的影响

从技术进步的供给角度看，科学知识的储备、研发人员的数量、研究机构的效率等因素都是技术进步的重要因素。有关数据显示，人力资本储备多、技术累积程度高的发达国家是世界技术进步的主导力量。例如，美国科技水平处于世界领先位置的重要原因之一就是美国拥有雄厚的科技人力资源。以美国的基础研究为例，1901—2019 年，美国获得各类诺贝尔奖的总人数为 382 人，以绝对优势位列世界第一。

2）要素相对价格变化对企业生产技术创新的影响

市场经济依靠相对价格来配置稀缺资源。消费者、企业、政府都有趋利避害的倾向，相对价格可以指引利害大小。经济学界解决技术创新的思路之一就是关注要素的稀缺性，即要素的稀缺性变化导致要素相对价格的变化，并诱导企业技术创新。这一思路背后的理论假说是希克斯-速水-拉坦-宾斯旺格假说，该假说认为，如果市场不扭曲，要素相对价格变化将会反映要素的相对稀缺性的水平和变化，进而诱导企业生产技术的变化。

3）市场需求对企业生产技术创新的影响

施莫克勒-格里克斯假说认为，市场需求是拉动技术创新的重要力量。发明一项新技术的相对利益取决于适合该技术的价格与市场规模，预期较大的市场需求是推动技术创新的重要推动力量，而政府政策对技术市场需求的影响是至关重要的。环境污染具有负外部性，环境政策的传导机制不同于其他政策传导机制。政府政策对企业行为的影响是通过政策直接作用于企业得以实现的，而环保政策是通过政策影响污染企业的生产成本或利润导致污染企业对环保产业产品产生需求，进而促进环保产业发展的。环保政策传导的间接性导致了环保产业对政府的环境规

制、治理政策更为依赖。

4）创新主体对企业生产技术创新的影响

在现实生活中，参与技术创新的主体有科研机构、企业和个人，不同创新主体所追求的目标是不同的。企业时刻追求利润的本性决定了企业应该是技术创新的核心主体。企业创新是把新生产要素、新生产条件或者两者的组合引进生产过程。企业创新能够增强其市场竞争力，扩大市场份额，提升企业效益，实现利润最大化。因此，企业具有追求技术创新的内在冲动。

5）外部经济和企业的成长阶段对企业生产技术创新的影响

外部规模经济分为马歇尔外部经济和雅各布外部经济。马歇尔外部经济是指行业内企业集聚于同一区域带来行业内企业创新，并使企业成本降低。雅各布外部经济是指跨行业的企业在同一地理区域集聚带来企业创新，并形成规模经济效应。[①] 这两种外部经济都能促进企业创新，但不同的外部经济对处于不同生命周期企业的影响是不同的。穆勒（Muller）认为，新企业对市场不熟悉，信息不健全，资金渠道狭窄，其创新失败的风险高，而且其对外部研发资金投入和外部研发机构的依赖性强。大城市产业结构多样，能够给企业创新带来新思想，而且多样化的环境使企业的发展更具弹性，能为创新失败的企业提供保护，减少失败企业的退出壁垒，企业可以实现低成本的经营策略调整；同时，城市多样化的环境容易集聚丰富多样的劳动力、资本和信息。因此，雅各布外部经济更有助于新生企业的创新。成熟企业的创新是改进原有产品或研发相关新产品，而且成熟企业具有充足的现金流和固定的研发团队，因此，成熟企业创新的关键的问题是降低研发成本。同一行业内的企业在同一地区的大量集聚，可以使企业共享生产要素市场、知识外溢，而只有一定生产经验和规模的成熟企业才具备对外溢知识的吸收和学习，因此，马歇尔外部经济更有利于成熟企业的创新。董晓芳、袁燕运用2007年中国所有地级城市规模以上企业中制造业的微观数据，验证了企业迁址和城

---

① 董晓芳,袁燕.企业创新、生命周期与集聚经济[J].经济学季刊,2014(1): 88.

市专业化的关系。[①]　其验证结果为：成熟企业的创新多受益于马歇尔外部经济，成熟企业多迁往专业化程度较高的城市；新生企业的创新多得益于雅各布外部经济，新生企业多集聚于具有多样化产业结构的城市。

6）企业性质、企业规模对企业技术创新的影响

企业的技术创新与企业的所有制有着密切的联系。有数据显示：外资企业、港澳台企业、集体经济企业和私营企业的创新显著高于国有企业，创新程度最高的是外资企业。此外，企业的技术创新与企业的规模和行业的竞争程度也有一定的关联。一般情况下，企业规模与企业创新概率和新产品产值成正比；行业的竞争度越高，行业的创新能力越强，新产品的价值也越高。

2. 影响环保技术创新的因素

1）政府环境规制对环保技术创新的影响

企业的技术进步包含环保技术进步和生产技术进步。生产技术进步表现形式多样，突出表现为生产率提高、产量增加和成本下降。企业为了在激烈的市场竞争中获胜，必须不断地提高生产技术水平。因此，企业具有生产技术创新的内在驱动力。同时，环保技术的进步将减少单位产出伴生的污染排放。但是，在没有政府强力规制的情况下，巨额的环保技术创新投入将增加企业的生产成本，降低企业的竞争力。在没有政府规制的情况下，以利润最大化为目标的企业很少会主动增加环保技术创新的投入。因此，代表公众利益的政府必将是环境污染治理的主导力量，政府严格的环境规制能够引导企业创新，产生创新补偿效应，从而提高企业竞争力。

2）政府环境规制手段对环保技术创新的影响

政府环境规制手段分为激励型环境规制、行政命令控制型环境规制和其他类型环境规制。其中，行政命令控制型环境规制是我国传统的环境规制手段；同时，激励型环境规制日益成为环境治理的重要手段，如排污收费制度、碳排放指标转让制度等。由于政府在早期的规制过程中多是通过"以罚代管"来规制企业，在治污成本较高的情况下，企业多是"交

---

① 董晓芳，袁燕.企业创新、生命周期与集聚经济[J].经济学季刊，2014(1)：87.

钱了事",并不专注于环保技术的改善和创新。因此,行政命令控制型环境规制手段对环保技术创新的推动作用并不明显,而且行政命令控制型环境规制手段的实施成本也比其他规制手段高,不利于环保技术创新。研究结果表明,激励型环境规制手段能够有效激励企业技术进步。以碳排放指标转让为例,该手段能够在全社会范围内配置资源。碳排放指标的转让可以增加企业根据自身实力进行治污的动力,提高企业的治污效率,降低生产成本。此外,其他非正式的环境规制在环保技术创新中的作用也越来越显著。以信息披露为例,公开公正的信息报道能让公众更多地了解环境状况并激发公众参与环境治理的积极性,同时也能对污染企业形成压力。因此,公众、媒体的积极参与能够有力地间接推动环保技术的创新。

3）经济发展阶段对环保技术创新的影响

环境库兹涅茨曲线假说表明,经济发展和环境污染之间存在明显的阶段性。同样,环保技术的创新与经济发展也存在明显的阶段性特征。在经济发展的初期,人们的需求尚停留在吃饱穿暖的低层次水平,不太关注环境质量。同时,由于在经济发展的初级阶段,污染物的含量在环境的承受范围内,对人类的危害不是很大。因此,政府此时对环境规制不太重视,企业也不关注环保技术的提升和创新。但是,随着经济发展水平和人们收入水平的提高以及环境质量的不断恶化,人们开始关注环境问题,并不断地呼吁政府制定相应的政策措施以保护环境。政府在巨大的社会压力下会出台治理环境方面的政策措施,对企业形成外在的压力。摄于政府的巨大压力,企业将引进环保设备并进行环保技术创新以减少环境污染。

3. 环境规制技术创新与环境执法力度

为了有效地改变我国现有的环境污染状况,必须建立有效的环境规制体系。有效的制度安排是高效环境规制的前提基础,同时,有效的规制工具是高效环境规制的重要保证。我国环境问题的多样性决定了我国环境规制手段的多样性。如前所述,我国的环境规制手段包括行政命令控制型规制手段、激励型规制手段和其他类型规制手段。对于行政命令控制型规制手段,应该注重其执法力度。以其中的法律手段为例,有效的法律是环境规制的重要保障,但环境立法的治污效果不仅需要文本立法,更取决于环保机构实际执法的严厉程度。环境立法并不是环境质量改善的充分条件,但是严格的环境执法却能显著改善环境质量。相关实验发现,在严格执法的地区,无论是污染物排放总量还是单位排放量都显著下降;在没有严格执法的地区,环境质量并不会因为环境立法而改善。

(三)我国环保技术创新的制度安排

1. 多种规制手段相配合,灵活运用规制工具

目前,我国在环境规制方面主要是采用行政命令控制型环境规制手段。但是,无论是西方国家环境规制实践,还是我国环境污染的实际状况,均表明我国必须采用多元化的规制工具。比如,从政府环境规制的理论基础之一——环境污染的外部性看,环境治理具有正外部性。对于外部性很大的环境治理,公众参加的积极性较低,政府就应该采用行政命令手段来进行环境治理;对于外部性很小的环境治理,公众进行环境治理的收益和成本相差不大,公众进行环境治理的积极性较高,政府就应该以市场手段引导公众进行环境治理。因此,我国在今后的环境治理中应综合采用行政命令控制型环境规制手段和激励型环境规制手段,让两者发挥各自的特长优势。同时,对于不同类型的企业,环境治理的手段也应该有所区别。对污染严重的工业企业而言,工业废气排放强度是影响污染减排倒逼产业结构调整的关键变量。[1] 因此,政府应关注其工业废气排放量,加强排污费的征收以及建立碳排放市场交易机制等。

2. 严格规制力度,注重规制效果

目前,我国已经建立了完备的环境保护方面的法律制度。有效的环境规制绩效更依赖于环境规制的执法严厉程度,因此,环保执法机构在实际执法中要能够严格地保证法治效果。环境执法能否严格和我国当前的制度安排有着密切的关系。在财政分权的制度背景下,地方政府是谋取地方利益的重要主体。地方政府要在经济发展和环境规制之间进行权衡,当环境执法和地区经济发展相冲突时,如果地区经济发展在地

---

[1]　原毅军.污染减排政策影响产业结构的门槛效应存在吗?[J].经济评论,2014(5): 75-84.

方政府官员晋升中的占比比较大,那么地方政府就可能会弱化环境执法。因此,构建合理的官员考核体系和考核指标是提升环境执法的重要因素。同时,规制俘获是政府规制实践中的一个普遍问题。规制机构由多个追求自身效用最大化的个体组成,有时也会偏离政府作为公共利益代言人的本性。因此,在多重委托代理制度和信息不对称的背景下,规制俘获发生的可能性非常大。政府应重视媒体对环境信息和环境规制信息的披露,鼓励新闻媒体在环境规制中发挥积极作用,并加大反腐力度。此外,政府应该减少环境立法中的弹性条款并加大环境执法的独立性。

3. 对不同城市实施不同的创新政策

外部性理论主要包括马歇尔外部性和雅各布斯外部性。马歇尔外部性主要是利用行业内的外部性促进企业创新,它对专业化、大规模企业的创新作用较大;雅各布斯外部性主要是利用行业间的外部性促进企业创新,它对于新兴企业和小规模企业的创新作用较大。环保产业在我国是新兴产业,处于企业生命周期的初期,它在具有多样化产业的城市中能得到更好的发展,如北京、上海、广州等特大城市。因此,政府应鼓励特大城市、大城市多出台扶持环保产业发展的政策,以引导环保产业在该地区的发展;等环保产业发展到一定规模后,再鼓励环保产业进入专业性城市的工业园区集中发展,充分享受环保产业技术外溢效应。

4. 创新政策应具结构性,实施非对称性扶持政策

众多学者的研究结论表明,首先,企业规模和创新概率与新产品产值成正比,通常情况下,企业规模越大,创新概率越大,其新产品的产值也越高;行业竞争程度越高,行业内企业创新能力越强。其次,不同行业对于技术创新的依赖程度不同。从行业特点看,技术密集型行业、资本密集型行业、劳动密集型行业对技术创新的依赖程度依次递减。技术创新是技术密集型企业重要的业务活动,其企业发展的动力在于技术创新。对于劳动密集型行业和资本密集型行业,其企业的核心竞争力通常不是技术,而是商业模式、品牌、货物配送渠道等因素。再次,不同行业的企业治理结构对企业创新活动的影响也不同。在技术密集型行业和资本密集型行业,薪酬激励有利于创新活动的开展。因此,这类企业应该提高对核心技术人员的期权,以激励核心技术人员的创新。[①] 最后,不同企业对外部科研机构和外部创新投入的依赖不同,新企业由于自身科技力量弱,对外部科研机构和外部创新投入更为依赖,而成熟企业由于自身科研力量雄厚,则多依赖自身力量进行创新。因此,国家在顶层设计上应鼓励企业进行产业升级和技术创新,同时应考虑企业技术创新的差异性,通过结构性政策鼓励各类企业的持续创新活动,在政策上多鼓励新企业的创新活动,对新企业进行政策倾斜。

---

① 贾瑞跃,魏玖长,赵定涛.环境规制和生产技术进步:基于规制工具视角的实证分析[J].中国科学技术大学学报,2013(3):218.